COMMUNITY COLLEGE PRE-MED CLASSES

Pre-Nursing, Pre-Pharmacy, and Pre-Med Requirements

By Tony Guerra, Pharm.D.

Community College Pre-Med Classes:
Pre-Nursing, Pre-Pharmacy, and Pre-Med Requirements

1st Edition

ISBN: 978-1-365-95954-7

CONTENTS

AUTHOR'S NOTE

I got a letter from Harvard Medical School. *This is strange*, I thought. I never applied to Harvard. I'm 45 years old and I teach full-time at a community college.

I was about to open it. But, I held off. I didn't want other people around. I walked up to my third floor office and closed the door. I felt the Harvard crimson shield. It had the "v-e," "r-i," and "t-a-s." The Latin *Veritas* means truth.

The truth was I had wanted to go to Harvard Medical School after watching a Nova documentary, *The Making of a Doctor*. I was college sophomore. This was so long ago; I had to load a Video Home System (VHS) tape into the top of a videocassette recorder (VCR) in the early 90s to watch it. There is a newer documentary called *Doctor's Diaries* where you learn how their lives turned out. Both are fascinating and on YouTube. Both really helped me understand what my life would have been like if I had tried to go to medical school and gone on to become a physician.

When I was a 19-year-old college student, however, I didn't understand how Admissions worked. Now, 30 years later, I not only understand pre-med admissions and education, but how to deal with my distraction issues. I can't read a textbook or study like regular students; I have to set an alarm every 9 minutes to remind me to focus. I didn't know that back then, and I needlessly repeated many classes.

Back to the present. I opened the envelope carefully; I didn't want to tear the paper inside. It asked if I knew anyone interested in Harvard Medical School. I went online to the

Harvard Medical School (HMS) website to look at their requirements. Maybe, one day, a student of mine would email me from a Harvard.edu address with the good news that they had travelled from community college to medical school.

THE PROFESSIONAL SCHOOL ADMISSIONS WEBPAGE

The Harvard Medical School Admissions webpage outlines the admissions requirements. The introduction has the "who, what, where, when, and why" for the applicant. The "how" section is a numbered list of nine coursework areas like Biology, Chemistry, and so forth. The conclusion emphasizes the importance of the liberal arts. However, the single 19-word sentence that encourages 16 credits in the humanities and social sciences stands small against the 1,700 word description of science classes. The dense academic writing in the section baffles me, however.

I have a computer program called *StyleWriter*. It evaluates writing difficulty. These 2,331 words measured as a 17.6, or between 17th and 18th grade. A senior in high school is in 12th grade. A senior in college is in 16th grade. A second year medical student, an M2, is between 17th and 18th grade. To read the Pre-med Application Requirements webpage at Harvard, you have to read as well as a medical student.

I thought that the content seemed inaccessible. So, I wrote this book that I hope has the simplicity and uncluttered feel of a well-pressed lab coat. In many ways, the road to professional school is the challenge of being very good at two careers in one, much like a double major.

THE COMMUNITY COLLEGE DOUBLE MAJOR

A four-year college double major often means taking classes from complementary departments to get a single degree. For example, an International Business major might double major in Spanish or another language. A Physics major might add Math.

The community college double major is different in that one major leads to an immediate job and the other builds a foundation for your academic long-term career.

At my community college, half of the students are in career and technical degrees. These include Culinary Science, Web Development, or my program, Pharmacy Technician. The other half of the students are liberal arts majors. Community college students take the same route as those in four-year colleges for a fraction of the cost. For example, you can complete *two years* of community college for what it costs to take *two single classes* at a private college.

Here are three examples where a technical program precedes a professional school program for these students.

When a pre-med comes to campus, they might first take classes to become an Emergency Medical Technician, and then maybe a Paramedic. At the same time, they take liberal arts classes towards a career as a physician.

A future nurse becomes a certified nursing assistant, a CNA, then enrolls in the Nursing program.

A future Pharmacy student starts in my Pharmacy Technician program, and then works their way to a pharmacy school admission.

What these students are doing is rejecting the idea that they should start making money and relevant contributions only *after* they graduate in four years. Instead, they become self-sufficient financially and, more importantly, gain community in jobs they care about.

If you start at an expensive school, one that stretches your wallet and your parents', expectations are artificially heightened. If you finance your own journey, have friends in a job you care about, and have classmates you work and go to school with, your chances at success are better.

So, let me tell you what I know about getting into a professional school after starting in community college.

CHAPTER 1: GENERAL OVERVIEW

Just today, I've added another professional school, Physical Therapy, to the list of colleges where my students have earned acceptances. In the past, I've helped students toward dental, nursing, pharmacy, medicine, veterinary, and physician assistant programs. While the programs are different, the basic three admissions building blocks are the same.

The first admissions element most students think about is the coursework. But, there are three parts to the professional school application: the courses, the entrance exam, and commitment to the profession.

I. Courses. Pre-nursing, pre-pharmacy, and pre-med coursework do not make a major. A pre-professional program is a specific course series within a major. Each nursing, pharmacy, and medical college has its own requirements. What I want to make clear here is that a student still must choose an undergraduate major.

Note: If you want to become a physician, don't go to pharmacy or nursing school first. These two majors have the lowest acceptance rates to medical school. I believe there are two reasons for this. 1) If you are a nurse or pharmacist, you could leave medicine and go back to your job. 2) Grades in nursing and pharmacy schools trend lower than medical schools want.

Pre-dental, pre-physical therapy, pre-physician's assistant, and pre-veterinarian programs are also not undergraduate majors. The classes that you need for these four disciplines are similar, however. You can be pre-pharmacy, pre-med, pre-vet, and pre-dental simultaneously. This allows you time to explore the healthcare practice you prefer.

II. Entrance Exam. The second application element is the entrance exam. This varies by profession. For example, pre-med students take the Medical College Admissions Test (MCAT). Pre-pharmacy students take the Pharmacy College Admissions Test (PCAT). Some colleges don't require the MCAT [[M-CAT]] or the PCAT [[P-CAT]], which for self-avowed "bad test-takers" is a boon. However, if you want a choice in professional schools and possible financial aid, a good score opens doors. Nursing also has its own entrance exam, the TEAS, the Test of Essential Academic Skills for undergraduate nursing. In this book, I'll talk about the Graduate Record Exam (GRE) for graduate nursing work.

III. The Profession. You can show a commitment to the profession through volunteer or paid work as an entry-level health professional. These jobs include the position of certified nursing assistant (CNA), certified pharmacy technician (CPhT), and Emergency Medical Technician (EMT). Most applicants have good grades and test scores. Experiences in these professions give you stories to talk about in the interview.

This is where community colleges excel. Fully half of our majors are in career and technical education programs. We get people jobs fast. What I've found, though, is that people outside of community college misunderstand our students.

Most of our students want to work while they go to school in order to minimize their loans. The idea of spending eight years taking on debt as a pre-med and then med-school without a trade or skill doesn't register for many of them. Some think students don't go to medical school because they come from community college. Yet, such students don't go to medical school because 1) the average community college student starts in their mid-20s, and 2) they already have a job they enjoy.

CHAPTER 2: COURSEWORK SUMMARY

I. The coursework. The four coursework pillars are: Biology, Chemistry, Communications, and Physics. Each subject is on the www.dmacc.edu [[w w w dot D M A C C dot e d u]] website. However, there are many levels within these sciences. Enrolling in the Engineering section of Physics by accident might sink your GPA and health professions career. If you hear "triple integral" on your first day, you're most likely in the wrong Physics class. These idiosyncrasies trip up undergraduates.

The first pillar, Chemistry, forms the foundation of many curricula. The second pillar, Biology, encompasses Anatomy, Physiology, and Microbiology. The third pillar includes Communications, both written and spoken, and the fourth pillar includes Math and Physics.

A. CHEMISTRY

General and Inorganic Chemistry I and II form the first year Chemistry class sequence for many pre-professional programs. I will use course prefixes and numbering from the Iowa community college system's common course numbering. If you want to go to www.dmacc.edu, you can just click on CHM [[C-H-M]] 165 and CHM 175 and see a course description. Our college's course descriptions and detailed course competencies are available to the public.

Because Chemistry can take four semesters, ideally a student will want to start with general Inorganic Chemistry I and II, and then move into Organic Chemistry I and II. Sometimes the college won't offer each class during all semesters. Taking CHM 165 as a fall semester student works best.

Note: Inorganic Chemistry requires a specific Math level before enrolling. Even if you can somehow get into the course because no one checks, don't do it. Having the right Math background is critical for passing Inorganic Chem with a good grade.

B. BIOLOGY

When I applied to my pharmacy school in 1993 – the University of Maryland, Baltimore, UMB – the series of General Biology I and II and Microbiology met the requirement. I had never had an undergraduate Anatomy and Physiology class. However, now, most colleges of nursing, pharmacy, and medicine want anatomy and physiology classes. Before enrolling in Biology courses, meet with an adviser to review the admissions web pages of the schools you are most likely to attend.

C. COMMUNICATION

Communications courses include Composition I, Composition II, and some kind of oral communication class.

Composition courses make you a better writer. Literature classes make you a better reader. If you want to crush the verbal part of the entrance exam, literature classes and even a grammar or speed-reading class help. An undergraduate major in English helped me through these requirements since English is not my first language.

Enrolling in the classical languages, such as Latin and Ancient Greek, can also help your verbal score. Latin and Greek roots form many of our medical words. Some students will take medical terminology instead.

D. MATH & PHYSICS

Most colleges want Statistics, and you can expect Calculus I as a requirement for pharmacy and medical school. This is where curriculum check-sheets hurt students. Seeing Calculus I in the first semester plan discourages a student who has to trudge through Pre-calculus or Trigonometry, or even Algebra. A four-year pre-med schedule is an artificial timetable. Take the first year to catch up in math if you need it. Work at your pace. Patients don't want a hurried provider. Don't pick up this bad habit in undergrad.

Physics. Watch out! Classical Physics sounds like music from National Public Radio, NPR. A course listed with a Calculus prerequisite may be the wrong course. Few professional schools ask for Engineering Physics, if they need physics at all. Except, of course, Harvard.

Note: Physics is fun, but it demands time and a firm grasp of Math. Those who do well in Physics tend to do well on the Medical College Admissions Test (MCAT).

CHAPTER 3: FIRST SEMESTER ADVICE

1. Minimize Academic Credits. I think the first semester of your undergraduate journey is a dangerous time. My ignorance of exactly how college classes differed from high school classes hurt me when I started college.

The average college student finishes a four-year degree in four–and-a-half to five years. But, administrators write curriculum check-sheets for a four-year graduation. This creates unsustainable credit loads for novice freshmen.

2. The Transcript Summary. When you apply to a college, especially those with a small admissions office and a large applicant pool, the office may summarize your grades in a single line of data. When *you* look at your own transcripts, you see the story of your academic life. You might picture someone in admissions carefully reading about your bad first semester, but carefully noting your second semester comeback.

In reality, you are a line of grade point averages and entrance exam scores. The admissions committee needs to make the first cut before they spend significant time with the second cut.

This means your grades are more important than the speed at which you earn those grades. There is no bonus asterisk for students who completed 18 or 21 credits in a semester.

3. Taking Chemistry and Math. In medicine and pharmacy, as well as some nursing programs, Chemistry is a four-semester sequence that can slow you down. Academically prepared students can take Chemistry and Math in their first semester to stay on a four-year schedule. But, Chemistry is a Math class in disguise. Prepare accordingly by exceeding the Math requirements before you enroll in Chemistry. Depending on your Math background, Mathematics can take up to four semesters, as well.

4. Test Prep Books to Prepare for the Next Semester. If you're going to take Inorganic Chemistry, why not spend the semester before the course studying Inorganic Chemistry from a test prep book? While you're taking the class, you'll know some of the Chemistry in advance. You'll do much better.

5. Multiple Advisers from Multiple Colleges. Multiple advisers offer you different points of view. More importantly, you can find discrepancies. If one adviser tells you one thing, and another tells you another, you'll know someone's made a mistake or that there's a difference of opinion.

6. The "W". I'm not talking about the Chicago Cubs blue "W" on a while flag. Rather, about withdrawing from a college course. *In college, it's different than high school. If you aren't doing well in a class, and you know you're not going to do well, you should withdraw from the class.*

The big misconception is that, if you have four classes, each will take one quarter of your time. That's not true. Organic Chemistry will take a greater amount of time than others. A one-credit lab often needs two attendance hours, not one. A withdrawal is a temporary retreat, saving the battle and maybe the war.

CHAPTER 4: A PERFECT ENTRANCE EXAM

I earned a 1.5 GPA in community college in high school, a 2.9 GPA at my next college over two years, and then a 3.0 GPA at my third college. However, my graduate college took the newest grade. By withdrawing from some classes and retaking others, I earned a 3.0 cumulative GPA.

Today, college application services average all grades together, so withdraw strategically. If you earn an "F" in a four-credit class, and then an "A" in that same four-credit class the next semester, you will have eight credits of "C." If you withdraw from the "F" class, you end up with four credits of "A."

How did I get into professional school with only a 3.0? I scored in the 99th percentile on my entrance exam. I didn't get a 99 in each section, though; I earned a Biology score in the 80s. However, my scores on other sections pushed my composite score to 99. How did I do it? I used multiple test prep books in a special training regimen.

EXAM PREP/CROSS-COUNTRY RUNNING

I followed a schedule similar to how cross-country runners prepare. I worked on speed, endurance, and varied terrain.

1. Timed Sprints. I improved my speed by allowing myself only half the normal time in each exam section. Why run through test questions fast? You want more time for other questions. If in cross-country you always train at the same pace, you'll race at that pace. Similarly, preparing for the entrance exam at a fast pace helps you speed up your baseline rate.

2. Weekend-Long Runs. The weekend-long run forms a staple of a cross-country runner's training. Long runs provide a fitness base. As your test day drags on, your blood glucose falls. You'll hit an exhaustion wall unless you have built up endurance. I studied on Sundays, adding fifteen minutes each week until I had long practice exam sessions. I didn't read on those days. I only tackled practice questions for hours on end.

3. Varied Terrain. Many runners run on flat treadmills. Cross-country courses have hills and uneven terrain. Always studying in quiet areas is artificial. On exam day, people will click pens, sneeze, cough, and smack gum. If you haven't prepared for these distractions, it might ruin your score. I liked studying in the library lobby sometimes to challenge my concentration.

CHAPTER 5: A COMMITMENT TO THE PROFESSION

CNA, CPhT or EMT? Most students applying to professional school have practical healthcare work backgrounds. For nursing, it's a Certified Nursing Assistant (CNA); for pharmacy, it's a Certified Pharmacy Technician (CPhT); and for medicine, it might be an Emergency Medical Technician (EMT) or paramedic.

Don't work so many hours that grades suffer. Many hours with bad grades don't impress admissions committees. I was a pharmacy volunteer for only four hours per week.

Research Assistant. Undergraduate research can also show a commitment to the profession. If you find an opportunity for medical-related research, I recommend you take it. Sometimes research assistantships pay you.

Chapter 6: Pharmacology First

Before I go into detail about Chemistry, Biology, Communications, and Math and Physics, I want to highlight Pharmacology. Most students take the four pillars: Chemistry, Biology, Math, and Communications as separate classes. It's like a scavenger hunt. They go to different buildings on campus for each discipline. To bring these disciplines together, I recommend undergraduate pharmacology.

Pharmacology incorporates Chemistry as the foundation for drugs' structures. You learn about Biology by learning how these medications raise blood glucose, lower heart rate, or decrease acid. Stories about new medications provide topics for Communications papers and speeches. Dosing calculations help you solidify core Math. In most curricula, you'll see Pharmacology as something you take when you've learned all of these disciplines. I see Pharmacology as the foundation *and* capstone.

Classes like Chemistry and Biology that directly relate to medicine drive students from pre-professional paths. By engaging with Pharmacology and disease states that affect you, your family, or friends, you gain purpose. That purpose drives you through late nights, bad grades, and other challenges.

Chapter 7: Chemistry in Depth

Chemistry

There are six levels of Chemistry classes. I want to make sure that you start in the right one. Iowa community colleges have agreed to share the same course numbers to make it easier for students to transfer to four-year colleges. I will use this system.

Note: Detailed course descriptions are in the college catalog. *College catalogs are not schedules of classes*. The college catalog changes yearly. The schedule of classes changes each semester.

For example, the *college catalog* will show Organic Chemistry I *and* II for the full calendar year.

The *schedule of classes* might only list Organic Chemistry I in fall and summer. Then you'll see Organic Chemistry II in spring, when a professor is available to teach it.

One-Semester Chemistry Courses
Level 1 – CHM 106 Survey of Chemistry 3 2 2

This chemistry survey class is for students that want a three-credit lab science class.

What does the 3 2 2 mean?
The first "3" is the number of credit hours.
The first "2" is the number of lecture hours per week.
The second "2" is the number of lab hours per week.

Expect four hours of classroom time. Two of those hours come from the 2 lecture credits. Two of those hours come from 1 lab credit. For lab science classes, each one *academic credit hour* of lab equals two hours when you are *physically present* in the lab.

Level 2 – CHM 122 Intro to General Chemistry 4 3 2

This class is for health science students and non-science majors. Health science majors include students in dental hygiene, nursing, medical lab technician programs, etc. Some colleges call these majors the allied health professions. This class meets for five hours per week and is four academic credit hours – three hours of lecture, two hours of lab. While high school Algebra is the minimum requirement, I recommend you pass that level. Most Chemistry equations depend on math.

Level 3 – CHM 132 Intro to Organic/Biochemistry 4 3 2

This class is for allied health professions students also. It is a one-semester class that meets for five hours and gives four academic credits with three hours of lecture and two hours of laboratory work weekly. It moves very fast.

TWO–SEMESTER CHEMISTRY COURSES
Level 4 – CHM 151 College Chemistry I and CHM 152 College Chemistry II

Wait, why is this level 4? Isn't Organic and Biochemistry a higher level class? This is the first *two-semester* sequence. CHM 122 is a one-semester class that covers similar topics for non-science majors, but not in as much depth as the two-semester sequence. We don't use this sequence at DMACC [[D-MACC]] because it doesn't fit into the majors we offer. Some other Iowa colleges do.

Level 5 – CHM 165 General/Inorganic Chemistry I and CHM 175 General/Inorganic Chemistry II 4 3 3

This is the pre-med, pre-pharmacy Chemistry sequence. This class is also for engineering, pre-med, pre-vet, and pre-dental majors. However, if you have not taken high school Chemistry or if it has been a long time, consider CHM 122.

Note: As I mentioned earlier, pharmacy, medical, and dental school admissions services now average grades. When I applied to pharmacy school, it was better to take the tougher class twice. If you got a good grade, great. If not, you took it over again. The college took the newest grade. That forgiveness is no longer offered.

Before I move on to Level 6, let me tell you a little bit about your classmates, and this will hold true for many other classes.

You don't know how smart and prepared they are.

For example, when I ran my first 5-kilometer (5-K) race, I thought I would come in third in my age group. I came in dead last. Everyone looked equal. Some runners had nice shoes or looked more fit. But, I couldn't tell who would do well.

In the classroom race, if you sat next to me, you wouldn't know I'd taken AP Chemistry and Calculus I and II in high school. I was another eighteen-year-old freshman in a t-shirt and jeans.

The professor grades us the same, whether we took Chemistry and Calculus or not. Pre-medical students and pre-engineering students are tough competition. They love science. They can leave you behind. I know it's tough to assess your own level. But, if you aren't sure about your ability and need an "A", take CHM 122 first.

Level 6 – CHM 263 Organic Chemistry I and CHM 273 Organic Chemistry II 5 3 4

This is the two-semester chemistry sequence that ends many pre-professional students' journeys. Why? First, it is a 5,3,4 course. This means it is five academic credits, 3 hours of lecture and 4 hours of laboratory work weekly. It requires that you understand the principles of CHM 165/175 and that you can think backwards.

Organic Chemistry is a test of your future as a health practitioner. In practice, you start with a patient's disease and work backwards to the etiology or cause.

It's not that students are not intelligent enough to pass Organic Chemistry. Organic Chemistry takes more work than fits into the 15-week semester for most students.

Here are five approaches that can improve a student's chances of passing Organic Chemistry.

1. Reduce course load
2. Take the course by itself in summer
3. Audit the course first
4. Study beforehand with prep books
5. Take it, withdraw, and repeat

There is a great book by a Johns Hopkins professor, David Klein, called *Organic Chemistry as a Second Language*. I recommend reading it the semester before you take Organic.

CHAPTER 8: BIOLOGY IN DEPTH

There are four major Biology types. Each has various levels: general biology, anatomy, physiology, and microbiology.

ONE-SEMESTER GENERAL BIOLOGY
Level 1 – BIO 104 Intro to Biology w/Lab 3 2 2

If you didn't have high school biology, take this course first. If you had an good biology class or honors, move into BIO 112, General Biology I. Note, this lower level course has "w/lab" in the title. BIO 112 General Biology I doesn't. Both classes have labs. Sometimes course titles don't say this directly.

TWO-SEMESTER GENERAL BIOLOGY
Level 2 – BIO 112 General Biology I and BIO 113 General Biology II. 4 3 2

This pre-professional biology class includes three hours of lecture with two hours of lab. This is not human biology. When a medical school writes that they want one year of human biology, they mean anatomy and physiology. This confuses people because the anatomy and physiology course title doesn't say "biology." This class covers biological organisms, including prokaryotes. Prokaryotes lack a membrane-bound nucleus. While there isn't a "biology" level three, students often move to Anatomy and Physiology next.

ONE-SEMESTER ANATOMY AND PHYSIOLOGY
Professional schools vary in what they want, so I will outline all of our courses.

Level 1 – BIO 156 Human Biology 3 2 2

Like CHM 122 Intro to General Chemistry and BIO 104 Intro to Biology, this is a preparatory course. This class prepares you for advanced anatomy and physiology classes. Most high school bio courses don't focus on human anatomy. This does.

Level 2 – BIO 733 Health Science Anatomy and BIO 734 Health Science Physiology 3 2 2

While most students take BIO 733 Health Science Anatomy first, then BIO 734 Health Science Physiology, students can take them together. Each is a three credit class with two hours of lab and two hours of lecture per week. Some students mistake "health science" for pre-medical, pre-pharmacy, or pre-dental.

Level 3 – BIO 156 Essentials of Anatomy/Physiology 5 3 4

This is an upper-level one-semester introduction to anatomy and physiology. This is program specific. Most pre-professional students would not take a one-semester class in this area.

TWO-SEMESTER ANATOMY AND PHYSIOLOGY
A two-semester combined anatomy and physiology sequence is what professional colleges want. You should make sure of what's required: ask the adviser at the graduate college and your undergraduate adviser.

BIO 168 Anatomy and Physiology I and BIO 178 Anatomy and Physiology II 4 3 2

This is a challenging sequence with three lecture hours and two lab hours each. Many students find that taking Medical

Terminology before Anatomy and Physiology makes it less of a foreign language. The class moves fast and requires memorization. Expect to spend time in the lab both before and after class.

MICROBIOLOGY

We offer two one-semester courses at DMACC. As with Organic Chemistry, some colleges list this as a 300-level class for juniors. Make time for extra labwork here, as well.

Level 1 - BIO 732 Health Science Microbiology 4 3 2

This course asks for one semester of *high school-level* Biology as a pre-requisite.

Level 2 – BIO 186 Microbiology 4 3 3

This course asks for one semester of *college-level* Biology as a pre-requisite.

Final Biology Note: Biology requirements vary; get individual advice from multiple advisers.

Chapter 9: Communications in Depth

Students often believe a professional career is a pure science career. But think back to the last time someone asked you to rate a doctor. What did you say? Did you ask yourself, "Were they good at science?" No, you asked, "Was the doctor nice?" Good health professionals have excellent written and verbal communication skills. However, most pre-professional course plans allow for few classes to build you up as a better writer and speaker.

A health professional communicates daily with staff, patients, and providers on the phone and in writing. An undergraduate degree in English helps more than a Biology degree. The English major is also elective-heavy. My English B.A. had 37 English credits. This small fraction of major requirements allowed flexibility in the 120 credit degree.

Don't Biology majors have an advantage in admissions and in the first years of professional school? Not necessarily. The English major will stand apart from the biology majors. She will crush the personal essay and interview, having answered difficult questions in past classes. What many students mistake is "number" accepted versus "percentage" accepted.

More Biology majors enter professional schools because there are so many Biology applicants. As a percentage, though, Biology majors sit middle to bottom of the pack. Music majors and Engineering majors stand, percentagewise, at the top. Music majors spend long hours practicing. Engineering majors are problem-solvers. Both skills transfer well to medical careers. Humanities students do well also.

While entrance exams test science, you have to read quickly and understand dense academic writing. English and other humanities majors master this skill.

Students ask, "How can I gain an advantage over other students?" Take courses in grammar, writing, and literature. You will stand out on the entrance exam with a higher overall score. You will welcome the admissions essay, the interview, and the "surprise essay" some schools give on interview day.

What if I'm not good at English? My first language isn't English. It's Spanish. And that's the best reason to become an English major. Poor communication haunts students in essay exams, patient notes, and job interviews. To understand this requirement, let's look at writing classes first. These are each three credits, meeting for three hours weekly.

COMPOSITION
ENG 105 Composition I

This is Freshman Composition, or English 101. You will do expository writing or writing to inform. Try to enroll in major-specific learning communities with this class. Writing papers about subjects you care about is better than doing work for work's sake.

ENG 106 Composition II

The second semester of Composition usually adds persuasive writing to expository writing. When you write an admissions essay, you try to persuade the committee you are an excellent candidate. If your professor allows latitude in writing topics, work on your admissions essay.

SPEECH
SPC 101 Fundamentals of Oral Communication

This is speech class. People are more afraid of public speaking than death. I understand you might fear this class. However, your classmates are also nervous.

I recommend joining a Toastmasters International club. The Toastmasters' mission is to help people become excellent public speakers. My parents brought me to my first Toastmasters meeting in 8th grade. I never feared speaking. Well, okay, one-on-one with girls, yes, I feared that. Speaking publicly in front of a crowd, no.

Final communications notes: Most professional schools limit composition and speech communication requirements to make room for more science. This is an opportunity to do better than other students on the board exams, writing sample and interview. If you are equal in science to other students, but a much better communicator, admissions staff will notice.

Chapter 10: Math & Physics in Depth

Pharmacy and medical schools expect Calculus I as a minimum. Nursing schools and other professional schools vary in their requirements, but expect a Math prerequisite. Many colleges have a math placement exam during orientation. Don't rush to take it. Doing poorly on the placement exam can set you back a semester or two.

Mathematics
MAT 157 – Statistics

This course is important because many research articles include Statistics. If you can pair this class with research, that's ideal.

MAT 211 Calculus I

The pre-professional student's road to Calculus I can begin at Algebra. It might then move to Trigonometry, Pre-calculus, and Calculus I. Coordinate with advisers to take the right math section before Chemistry and Physics. Failing to do this puts you at a terrible disadvantage against some good math students. Note: Calculus is on the PCAT and MCAT, which students usually take taken two years after you take the class. Leave time to rebuild your math foundation. In addition, some medical schools require Calculus II.

Physics
Physics requirements vary. In professional school, there's little emphasis on Physics.

One-semester physics
Level 1 – PHY 106 Survey of Physics 4 3 2

This is an introductory course, or high school physics. You only need a basic understanding of math. Not for most pre-professional students, but check with an adviser.

TWO-SEMESTER PHYSICS
Level 2 –
PHY 160 General Physics I and
PHY 161 General Physics II 5 4 2

General Physics requires Trigonometry as a pre-requisite. Make sure you know the Physics your professional school wants. Do not take the calculus-based Classical Physics listed below unless you are sure you need it. It will consume you like Organic Chem.

Level 3 – PHY 213 Classical Physics I and PHY 223 Classical Physics II 6 5 2

This is Physics for engineering, physics, and astronomy majors, along with the most elite professional schools. It's harder than Organic Chemistry. This class demands a firm grasp of Calculus.

Final math and physics notes: Math and Physics require significant time and effort. High schoolers take as many math and science classes as possible.

CHAPTER 11: OTHER CLASSES IN DEPTH

While two-year colleges offer many classes in the humanities and social sciences, you may need upper-division science classes. These might include cellular biology, genetics, immunology, kinesiology, analytical chemistry, and biochemistry. You will find that the Iowa Community Colleges offer the following courses, but these are not upper-division, and are built for technical or allied health majors.

SCIENCE CLASSES

BIOCHEMISTRY

Biochemistry is not just the "b-i-o" from biology plus chemistry in one word. It is the first year professional pharmacy and medical student's equivalent of Organic Chemistry. Biochemistry is hard because the student builds on Organic and Biology class principles that may be a little rusty.

Students ask if there are any other classes they should take to make professional school easier. While community colleges don't offer 300-level Biochemistry, you might find it in combination, such as with **CHM 132 Intro to Organic and Biochemistry**. This is a useful course to make the first-year professional school Biochemistry class a lot easier.

In four-year-schools, Biochemistry is an upper-division 300-level course. I enrolled in Biochemistry the spring semester before my entrance to pharmacy school. I took it without a lab. Once I got my acceptance letter, I dropped Biochemistry. I needed to pass Physics II with a "C" or better, and dropping Biochem helped make that happen.

Note: The priority is a professional school acceptance letter. Extra classes like Biochemistry help in professional school. But if you don't get in, you've taken the course for nothing. Some upper level courses are GPA killers. Move cautiously.

GENETICS
BIO 146 Genetics 3 3

Some professional schools require genetics. Make sure the genetics course you take transfers. A 100-level class like this would likely be preparatory.

MOLECULAR BIOLOGY
BIO 250 Cellular and Molecular Biology of Nucleic Acids, BIO 251 Cellular and Molecular Biology of Proteins 5 2 6

Most schools don't require this biology. To take it, you should complete Biology, Inorganic Chemistry, Organic Chemistry, and Biochemistry. It is lab-heavy.

NON-SCIENCE COURSES

ACCOUNTING AND COMPUTER SCIENCE
ACC 131 Accounting I and ACC 132 Accounting II are financial accounting and managerial accounting, respectively.

CSC 110 Intro to Computers is an introduction to computers class, not a programming class. Programming classes in computer languages are not what professional schools look for.

SOCIAL SCIENCES
Required **social sciences** classes (those that focus on human society and social relationships) may include anthropology, economics, history, political science, psychology, or sociology.

ANT100 Introduction to Anthropology
ECN120 Principles of Macroeconomics
ECN130 Principles of Microeconomics
HIS112 Western Civ: Ancient to Early Modern
HIS113 Western Civ: Early Modern to Present
HIS150 U.S. History to 1877
HIS153 U.S. History 1877 to Present
POL111 American National Government
PSY111 Intro to Psychology
PSY121 Developmental Psychology
SOC110 Intro to Sociology

Note: Many times, history classes can count as either social science classes or humanities classes.

HUMANITIES

Required **humanities** courses (those that study human culture) might include art, drama, literature, music, philosophy, religion, and others.

ART101 Art Appreciation
DRA101 Intro to Theater
LIT101 Intro to Literature
MUS100 Music Appreciation
PHI101 Intro to Philosophy
PHI105 Introduction to Ethics
REL101 Survey of World Religions

Summary: Figuring out class order year by year is more art than science. Bring in many advisers.

CHAPTER 12: PROFESSORS

On websites like ratemyprofessor.com and myedu.com, a student can see if professors grade fairly. If the professor does not give "A"s or "B"s at all, that's a problem. Note: Some students treat professors like difficult relationships. They think *they* can change them. I assure you, you will not change the professor.

A professor giving all "A"s causes problems, too. You need to learn the material. Easy "A"s make studying for the entrance exam harder.

A student should look for key phrases like "cares about her students," "spends time with you if you need help," "makes the class interesting," "best professor I ever had," "great discussions," and so forth. A professor with top marks except for "easiness" may lead a good class. The best professors balance rigor and reward.

Note: "Staff" under the instructor name means the college still has to hire someone to teach the class. In community college, we don't have graduate students teaching. At a four-year-school, however, you may find graduate students teaching under a professor's supervision. This isn't always bad. Some graduate students engage fully. Know they might be learning to teach, though. Early in the semester, ask to meet with them. Use your intuition.

CHAPTER 13: FELLOW STUDENTS

Honors Classes

Motivated students in honors classes can challenge each other. Keeping up means extra hours at the library, but with an emphasis on group and lab work, time moves quickly. At my community college, our honors program is not set up as a classroom of honors students. Rather, honors professors mentor a few students within a regular class. They meet with them regularly one-on-one to work on projects that matter to the respective students.

Large classes

If you are in a large class, which I define as having more than 25 or 30 students, and you need extra attention, consider the success center. All colleges provide tutoring. Make this your smaller class within a class.

Community college vs. four-year college classes

You may read that professional schools are looking for you to take the heavy sciences like Organic Chemistry in four-year college. But, will you learn better in a four-year college class of 300 students with a graduate student managing your lab section? Or is a 24-student class and lab with a Ph.D. professor at a community college better? I'll leave the answer to you.

CHAPTER 14: WHAT CLASSES DO I TAKE?

In Organic Chemistry, you learn about synthesis. The professor gives you a compound to "synthesize." You must work backwards to see what ingredients you need. This "starting with an end in mind" is the same method you use to build a schedule of classes.

A Chemistry major knows exactly what courses to take. There is a four-year plan, also known as a curriculum check-sheet. Even if you transfer from a two-year college to a four-year college, the route is often seamless. However, if you don't know your undergraduate major, you are in trouble. I recommend another book I wrote called *The Last Admissions Hurdle*. In the book, I help you visualize your graduation day. Maybe this will help you find a major.

You need two ingredients to make a class schedule: 1) a major, and 2) a professional school. It's better to guess than not plan. How can you know which college will take you? There is an art to this, but experienced advisers can help.

One activity that helped a student of mine was to make three separate YouTube videos. Each outlined the pre-requisites to get into nursing school, pharmacy school, and medical school. By generating these videos and teaching others through them, she learned the differences in these pre-professional roads. Ultimately, this project allowed her to pick which field she wanted to study as a graduate student.

CHAPTER 15: THE ENTRANCE EXAMS

The entrance exam levels the playing field. It is an opportunity to show your true rank against other applicants. In this section, I'll talk about three exams: the Pharmacy College Admissions Test (PCAT), the Medical College Admissions Test (MCAT), and the Graduate Record Examination (GRE) for graduate nursing programs.

THE PCAT

The PCAT test prep books do a great job of providing a review for the Biology, Quantitative, and Chemistry sections. However, I believe the GRE preparation will help you more for the Verbal. You can find information about the PCAT on pcatweb.info, but I want to talk about strategies you will not find there.

We classify the Biology, Chemistry, and Quantitative sections as physical sciences. Verbal ability, Writing, and Reading comprehension fall under the humanities.

This presents an opportunity. Most pre-professional students earn science degrees. However, nationwide, students in these majors have lower GPAs than other majors.

To improve your PCAT score against science majors, you should take more English, history, or communications classes. The PCAT doesn't test upper-division principles in Biology and Chemistry. More Biology and Chemistry doesn't help.

The MCAT

I'm writing this book in 2017 in the third year of the new MCAT exam. Almost 90% of the applicants are using the new exam scores.

The four sections of the seven-and-a-half hour MCAT include:

1. Biological and Biochemical Foundations of Living Systems

2. Chemical and Physical Foundations of Biological Systems

3. Psychological, Social, and Biological Foundations of Behavior

4. Critical Analysis and Reasoning Skills

The newer MCAT scores range from 118 to 132 in each section with a mean of 125. They score the entire exam from 472 to 528 with a mean of 500. No curve, but they do adjust. That's why you don't get scores until 30 to 35 days after the test.

Free MCAT materials abound. Still, half of students report paying for outside training. To do well on the MCAT, I believe you have to work in groups. Don't worry about who from your group will beat you or take your spot. There are tens of thousands of students taking the MCAT annually. Not many work in groups. The website lets you see what scores admitted students have earned.

The GRE

The first hour of the GRE includes writing two essays. Grading is holistic, or evaluates the essay as a whole. A computer also gauges the writing. If the two agree, great. If not, there is another human grader to break the tie. I have a GRE video with over 100,000 views on my TonyPharmD [[Tony Pharm D]] channel that speaks to getting a 5.

Then there are two Verbal sections, two Math sections, and one Experimental Math or Verbal section designed to test new questions out. The testing center will not tell you which section is investigational. Therefore, if you feel like you bombed a section, know that it may not count.

A QUICK TEST PREP SCHEDULE

If you have only three weeks until the test date, these techniques may help. Instead of using many test prep books, under a time limit, I only picked my favorite – the Kaplan GRE book with online exams.

With my English undergraduate degree, I didn't need to put much time into preparing for the writing samples. I had put in my time in those two years of upper division literature and English classes. I did put in equal time preparing for the Verbal and Quantitative section.

I set up to finish a full four-hour practice exam every two days and I completed seven practice exams by the time the test came around. My goal: Learn from hundreds of mistakes.

For the Quantitative section, I only looked at those questions where I'd made a mistake, and I reviewed my error and put the notes in my "mistake" notebook. Then I would find an empty classroom, put the problems I'd missed on the white board, and teach to no one in particular. If I'd had more time, I would have retaken a Statistics and Geometry course.

For the Verbal section, I made recordings of my mistakes. I wasn't trying to learn 30,000 new words – only the 300 very important ones.

I took walks at night (for around an hour) listening to a podcast about linguistics from Stanford University that helped me get back in the swing of breaking words apart. When I see a word, I ask myself, "Where did this come from?" For example, did you know that 'California' comes from Cali- (hot) – forn (oven)? What about Ver- (green) – mont (mountain)?

I ended up scoring a 168/170 in Verbal (98th percentile), 163/170 in the Quantitative section (87th percentile), and 5 out of 6 in the analytical writing section (93rd percentile). This result tells me that the techniques I used for my pharmacy entrance exam in focusing on speed, endurance, and varied terrain transfers to other standardized exams.

Chapter 16: Does a Ph.D. make someone a doctor?

In grade school, a student says, "My mom and dad are both doctors, but not the kind that help people."

What she's saying is that her parents are not physicians. They don't treat and prevent illness. They hold a Ph.D., Doctor of Philosophy – a research degree most college professors have.

Most Ph.D. research programs require applicants to take the Graduate Record Exam, the GRE, which is a standardized exam that tests analytical writing, verbal skills, and math reasoning. Many hundreds of thousands of potential graduate students worldwide sit for this exam each year.

Ph.D. students lead different lives than professional students even though they may find themselves in the same building. Ph.D.s often work as researchers and college professors.

Professional students interact with the public and require significant post-doctoral work to earn an appointment at a university. Ph.D.s, however, generally earn a salary during college through teaching and research assistantships.

Many Ph.D. programs include:

- A stipend – a modest salary that's usually between $18,000 and $40,000 annually
- Full tuition waiver – at private schools, this can mean hundreds of thousands of dollars
- Health insurance – usually just for the student
- The college may loan the student books or pay fees

Why, then, would anyone pay for professional school when they could earn income as a Ph.D. and pay no tuition?

In my case, it was ignorance. As a first-generation college student with a "B" average, I felt a Ph.D. was out of the question. In hindsight, I found that once I'd taken 300- and 400-level junior and senior college courses, my grades went up. I rarely earned less than an "A". Because I went straight to professional school, however, I didn't learn this until after I'd graduated with my doctorate.

Ph.D. students in the physical sciences spend much of their time in labs doing research for their major professor. Those students in the arts (English, Philosophy, etc.) might also earn a stipend as teaching assistants. Where students get into trouble financially is in the cost of undergraduate education. To get into that competitive Ph.D. program, a student might have gone to an elite private school and taken on many loans. Now, at an age when they might want to start families, they will only earn a small income. Graduation rates from the Ph.D. are around 50 percent – much lower than that of professional schools.

Piled Higher and Deeper, a comic strip, illustrates the struggles Ph.D. students face. Its content is right on the mark.

CHAPTER 17: THE BEST MAJOR

The best undergraduate major provides you with:

   I.   **A high grade point average**
   II.   **Excellent entrance exam preparation**
   III.   **Excellent application process preparation**

I. A HIGH GRADE POINT AVERAGE

Students often assume that classes across the board have similar grades – that Psychology professors give as many "As" as Biology or Math professors. This is not true. Surveys show that physical science students in Chemistry or Biology have lower grade point averages than those in the humanities, like English.

Why? I believe it is because English majors can revise their papers before they turn them in, putting in time outside of class that results in grades. Biology and Chemistry majors generally rely on exams that have no chance for a make-up.

II. EXCELLENT ENTRANCE EXAM PREPARATION

Students also think Chemistry majors will do significantly better than other majors in the Chemistry section or that Biology majors will do much better on the Biology section.

However, in looking at the Medical College Admissions Test (MCAT) scores that *do* provide undergraduate major data, it becomes clear that this is not true. Chemistry majors do as well as English majors and a little better than other majors on the Chemistry section. Biology majors do worse than Chemistry majors and English majors on the Biology section of the MCAT. How can this be?

The MCAT and PCAT test Chemistry and Biology that colleges teach in the freshman and sophomore classes. Gaining knowledge in advanced Chemistry and Biology classes does not necessarily equate to higher scores on a standardized test that tests material from those first two college years.

A Chemistry and Biology major would have little additional preparation in language from their junior and senior level classes. Instead, they take science classes which are mostly unrelated to the part of the exam that tests language skills.

III. EXCELLENT APPLICATION PROCESS PREPARATION

The pre-professional application includes an essay, interview, and possible writing samples when an applicant comes to campus. Biology or Chemistry majors have little preparation for these activities. The English, History, or Communications major does.

What if your first language is not English? Mine isn't. Having English as a major in this case is a compelling reason to remove a language barrier concern that might otherwise keep people from believing a non-native English speaker is not qualified.

Summary: A student who majors in English and other writing-heavy humanities disciplines may have a considerable advantage in the admissions process. The websites don't outright say that they "don't want another Biology major applicant," but they come close.

CHAPTER 18: COMMITMENT TO THE PROFESSION

It's not enough to know Biology and Chemistry and do well on the entrance exam. It's important to be aware of the current conditions of nursing, pharmacy, or medical practice. Where will you fit in? Where do you think you fit in?

Good interviews are good conversations. You need to explain why you chose your profession over medicine, dentistry, nursing, or other career options. This is especially important for physician assistant applicants. "I didn't want to do as much schoolwork as a physician" is a poor answer. However, physician assistant applicants who say they want to collaborate or have flexibility to work in multiple specialties speaks to the heart of the profession. Make clear that you've investigated the profession by looking at how and why the profession began.

The biggest mistake a candidate can make is to try to convince the interviewer of how good an applicant he is. Instead, a candidate should ask as many questions as he receives. Intelligent questions can include clarifying information from the college's webpage and asking about unique opportunities. Find out what made the interviewer interested in the profession. Ask what struggles he or she had.

Most interviewers volunteer. They want their alma mater to get the best students. Previous experience in the profession gives you a start. Using the professional jargon makes clear that you and the interviewer share common interests. By the end of the interview, you should know enough about the interviewer that you could introduce him or her in detail to someone else.

CHAPTER 19: SAVING MONEY

1. GO TO THE IN-STATE SCHOOL

Three strategies helped me save money. First, I waited until the in-state school let me in. Second, I didn't earn my bachelor's degree until after I'd graduated from professional school. Third, I lived with family and friends for many of my internships.

2. A PRIVATE SCHOOL IN A LOW COST-OF-LIVING STATE

My wife went to a private college close to home to save money. She also saved on tuition by going to a six-year pharmacy school. More importantly, she lived in a low-cost-of-living state. With private schools, tuition is often the same in-state as out-of-state. In this economic environment, it may make more sense to find a college in the Midwest or other lower cost of living area. While Boston, New York, Los Angeles, and other urban centers are exciting, the cost-of-living is not.

3. START IN COMMUNITY COLLEGE

Community college helps you keep costs low early. An excellent performance in the first two years can lead to scholarships in the last two. Community colleges have changed drastically in the last decade. There are more options in on-campus residential housing and upgraded services like fitness centers.

4. APPLY TO MANY PROFESSIONAL SCHOOLS

Multiple acceptances may lead to multiple offers for financial packages. Public colleges are not always cheaper than private.

EPILOGUE

This spring, my dad called and said, "Tony, can I come out for the summer?" I said, "Sure." I called mom to make sure this was okay, but after talking to her, I understood. She worked full-time with a Washington D.C. commute. My dad wanted time to hang out with his grandkids for the summer.

As a health professional, I can have dad stay with us, no problem even with three kindergarten age daughters. I can also understand and help him with health issues as I have for years now. While I am part of the sandwich generation, families helping their parents and own children, it's a lot easier to do this as a health professional.

It makes me think of the Chinese concept of filial piety, 孝, *xiào*, where there is a great respect for one's parents in not just words, but actions. This is true in my dad's Peruvian culture as well as my mom having us visit her U.S. Navy veteran parents most weekends.

Another result of having a health career is that I can clearly outline what my daughters would need to do if they wanted to follow this career path. I could help them avoid the greatest pitfalls and provide the best education for them. I want you to have this success too.

Respectfully, I think Steve Jobs was wrong when he said, "You can only connect the dots looking backwards." I think you can connect the dots looking forwards if you have the courage to ask enough people to help you get there.

ACKNOWLEDGEMENTS

To my wife Mindy and my daughters Brielle, Rianne, and Teagan.

To my dad, who always told me to take the toughest classes. I just wish he had mentioned that I didn't need to take them all in the same semester.

To my mom. She helped me appreciate good language use. Nothing has helped me more in my various careers than my command of written and spoken English.

SPANISH TRANSLATION

NOTA DEL AUTOR

Recibí una carta de la Escuela de Medicina de Harvard. *Esto es extraño*, pensé. Nunca me había presentado a Harvard. Tengo 45 años y enseño a tiempo completo en un colegio universitario comunitario

Estaba a punto de abrirla. Pero, me detuve. No quería tener cerca a otras personas.Me fui a mi oficina del tercer piso y cerré la puerta. Toqué el escudo carmesí de Harvard. Se leía "v-e", "r-i" y "t-a-s". En latín *Veritas* significa verdad.

La verdad era que yo quería ir a la Escuela de Medicina de Harvard después de ver un documental de Nova, *La Fabricación de un Doctor*. Yo era un estudiante de segundo año de colegio universitario. Esto fue hace mucho tiempo; tuve que cargar una cinta en un Sistema de Video Casero, (VSH, por sus siglas en inglés Video Home System) en la parte superior de una videocasetera (VCR) en los años 90 para verlo. Hay un nuevo documental llamado *Los Diarios del Doctor* donde te enteras de cómo resultaron sus vidas. Ambos son fascinantes y están en YouTube. Realmente ambos me ayudaron a entender cómo sería mi vida si hubiera tratado de ir a la escuela de medicina y me hubiera convertido en médico.

Sin embargo, cuando yo era un estudiante de colegio universitario de 19 años, no entendía cómo funcionaban las Admisiones. Ahora, 30 años después, no sólo entiendo las admisiones para el preparatorio de medicina y la educación, sino cómo lidiar con mis problemas de distracción. No puedo leer un libro de texto o estudiar como lo hacen los estudiantes regulares; tengo que configurar una alarma cada 9 minutos para recordarme que tengo que concentrarme. En ese entonces yo no lo sabía e innecesariamente repetí muchas clases.

Volvamos al presente. Abrí cuidadosamente el sobre pues no quería rasgar el papel interior. Me preguntaban si conocía a alguien interesado en la Escuela de Medicina de Harvard. Me conecté en línea al sitio Web de la Escuela de Medicina de Harvard (EMH) para mirar sus requisitos. Tal vez, algún día, un estudiante mío me enviaría un correo electrónico desde una dirección de Harvard.edu con la buena noticia de que se había cambiado del colegio universitario de la comunidad a la escuela de medicina.

LA PÁGINA WEB SOBRE LAS ADMISIONES A LA ESCUELA PROFESIONAL

La página web de Admisiones de la Escuela de Medicina de Harvard describe los requisitos para la admisión. La introducción tiene el "quién, qué, dónde, cuándo y por qué" para el solicitante. La sección "cómo" es una lista numerada de nueve cursos en áreas tales como Biología, Química, y así sucesivamente. La conclusión subraya la importancia de las profesiones liberales. Sin embargo, la única oración de 19 palabras que promueve 16 créditos en humanidades y ciencias sociales es pequeña frente a la descripción de 1700 palabras de las clases de ciencias. Sin embargo, la densa escritura académica de la sección me desconcierta.

Tengo un programa para ordenador llamado *StyleWriter (Estilo de Escritura)*. El mismo evalúa la dificultad para escribir. Estas 2331 palabras se midieron como 17,6, o entre 17 y 18 puntos. Un estudiante de último año de secundaria está en el grado 12. Un estudiante del último año de un colegio universitario está en el grado 16. Un estudiante de segundo año de medicina, un M2, está entre el grado 17 y 18. Para leer la página web de los Requisitos para la Presentación al curso Preparatorio en Harvard, tienes que leer tan bien como un estudiante de medicina.

Pensé que el contenido parecía inaccesible. Por lo tanto, escribí este libro que espero tenga la sencillez y la sensación de una simple chaqueta de laboratorio bien ajustada. En muchos sentidos, el camino hacia la escuela profesional es el reto de ser muy bueno en dos carreras en una, parecido a una doble titulación.

LA DOBLE TITULACIÓN EN UN COLEGIO UNIVERSITARIO DE LA COMUNIDAD

Una doble titulación en un colegio universitario de cuatro años a menudo significa tomar clases en departamentos complementarios para obtener un solo título. Por ejemplo, un especialista en Negocios Internacionales podría duplicar su título en español o en otro idioma. Un especialista en Física podría añadir Matemáticas. La doble titulación de un estudiante de un colegio universitario de la comunidad es diferente en que uno con un solo título conduce a un trabajo inmediato y el otro sienta las bases para tu carrera académica a largo plazo.

En mi colegio universitario comunitario, la mitad de los estudiantes están en carreras y grados técnicos. Estas incluyen Ciencia Culinaria, Desarrollo Web, o mi programa, Técnico en Farmacia. La otra mitad son estudiantes de profesiones liberales. Los estudiantes de colegios universitarios comunitarios toman la misma ruta que los de los colegios de cuatro años por sólo una fracción del costo. Por ejemplo, puedes completar *dos años* de colegio universitario comunitario por lo que cuesta tomar *dos úncas clases* en un colegio privado.

Aquí hay tres ejemplos donde un programa técnico precede a un programa de una escuela profesional para estos estudiantes.

Cuando un pre-médico llega al campus, puede que primero tome clases para convertirse en un Técnico Médico de Emergencia, y luego tal vez en Paramédico. Al mismo tiempo toma clases de cultura general para seguir una carrera de médico.

Una futura enfermera se convierte en una asistente de enfermería certificada, una AEC, entonces, se inscribe en el programa de Enfermería.

Un futuro estudiante de Farmacia comienza en mi programa de Técnico en Farmacia, y luego hace su camino hacia una admisión en la escuela de farmacia.

Lo que estos estudiantes están haciendo es rechazar la idea de que deben empezar a ganar dinero y las contribuciones pertinentes sólo *después* de graduarse en cuatro años. En cambio, se vuelven autosuficientes económicamente y, lo que es más importante, ganan familiaridad en puestos de trabajo que les interesan.

Si comienzas en una escuela costosa, una que estira tu billetera y las de tus padres, las expectativas están artificialmente aumentadas. Si financias tu propio viaje, tienes amigos en un trabajo que te interesa, y tienes compañeros de clase con los que trabajas y vas a la escuela, tus posibilidades de éxito son mejores.

Por lo tanto, déjame decirte lo que sé acerca de entrar en una escuela profesional después de comenzar en el colegio universitario comunitario.

CAPÍTULO 1: DESCRIPCIÓN GENERAL

Justo hoy he agregado otra escuela profesional, Terapia Física, a la lista de colegios universitarios donde mis estudiantes han logrado aceptaciones. En el pasado, he ayudado a estudiantes para programas de odontología, enfermería, farmacia, medicina, veterinaria y asistente médico. Aunque los programas son diferentes, los tres bloques básicos de admisión son los mismos.

El primer elemento de admisión en el cual piensa la mayoría de los estudiantes es en el trabajo del curso. Pero, hay tres partes para la presentación a una escuela profesional: los cursos, el examen de ingreso, y el compromiso con la profesión.

I. Cursos. Los cursos preparatorios para enfermería, farmacia y medicina no otorgan un título de grado. Un programa pre-profesional consiste en una serie de cursos específicos dentro de una titulación. Cada colegio de enfermería, farmacia y medicina tiene sus propios requisitos. Lo que quiero dejar en claro aquí es que un estudiante todavía debe elegir un título de pregrado.

Nota: Si deseas convertirte en médico, no vayas primero a la escuela de farmacia o a la escuela de enfermería. Estos dos títulos tienen las tasas más bajas de aceptación para la escuela de medicina. Creo que hay dos razones para esto. 1) Si eres enfermero/a o farmacéutico/a, podrías dejar la medicina y volver a tu trabajo. 2) Los grados para las escuelas de enfermería y farmacia tienden a ser inferiores a lo que quieren las escuelas de medicina.

Los programas preparatorios para dentista, fisioterapia, asistente de médico, y veterinario tampoco otorgan títulos de pregrado. Sin embargo, las clases que necesitas para estas cuatro disciplinas son similares. Puedes ser pre-farmacéutico, pre-médico, pre-veterinario y pre-dentista simultáneamente. Esto te da tiempo para explorar la práctica de salud que prefieras.

II. Examen de admisión. El segundo elemento para la solicitud es el examen de ingreso. Este varía según la profesión. Por ejemplo, los estudiantes de pre-medicina toman el Test de Admisión del Colegio de Medicina (MCAT, por sus siglas en inglés: Medical College Admissions Test). Los estudiantes de pre-farmacia toman el Test de Admisión al Colegio de Farmacia (TACF). Algunos colegios no requieren el MCAT [[MCAT]] o el PCAT, por sus siglas en inglés: Pharmacy College Admissions Test, que para los auto-declarados "malos dadores de pruebas" es una bendición. Sin embargo, si deseas una opción en las escuelas profesionales y una posible ayuda financiera, un buen puntaje te abre las puertas. Enfermería también tiene su propio examen de ingreso, el Test de Habilidades Académicas Esenciales, TEAS (del inglés, Test of Essential Academic Skills), para el pregrado en enfermería. En este libro voy a hablar sobre el Examen de Registro para Graduados (ERG) para el trabajo de grado en enfermería.

III. La profesión. Tú puedes demostrar un compromiso con la profesión a través del trabajo voluntario o pago como un profesional de la salud de nivel básico. Estos trabajos incluyen el cargo de asistente de enfermería certificado (AEC), técnico en farmacia certificado (TFC) y técnico en emergencias médicas (TEM). La mayoría de los solicitantes tienen buenas calificaciones y resultados en los exámenes. Las experiencias en estas profesiones te dan historias sobre las cuales hablar en la entrevista.

Aquí es donde los colegios universitarios comunitarios sobresalen. La totalidad de la mitad de nuestros graduados están en programas de educación para profesionales y técnicos. Hacemos que las personas obtengan trabajo rápidamente. No obstante, lo que he encontrado es que la gente fuera del colegio comunitario malinterpreta a nuestros estudiantes.

La mayoría de nuestros estudiantes quieren trabajar mientras van a la escuela para minimizar sus préstamos. La idea de pasar ocho años endeudándose como un pre-médico y luego en la escuela de medicina sin un oficio o habilidad no conforma a muchos de ellos. Algunos piensan que los estudiantes no van a la escuela de medicina porque vienen de un colegio universitario comunitario. Sin embargo, dichos estudiantes no van a la escuela de medicina porque 1) el estudiante promedio del colegio de la comunidad comienza alrededor de los 20 años, y 2) ya tienen un trabajo del que disfrutan.

CAPITULO 2: RESUMEN DEL TRABAJO DEL CURSO

I. **El trabajo del curso**. Los cuatro pilares del curso son: Biología, Química, Comunicaciones y Física. Cada tema se encuentra en el sitio web www.dmacc.edu [[w w w punto D M A C C punto e d u]]. (DMACC del inglés, Des Moines Area Community College, Campus del Colegio Universitario del Área Des Moines) Sin embargo, hay muchos niveles dentro de estas ciencias. Inscribirse en la sección de Ingeniería de Física por accidente podría hundir tu promedio de calificaciones, GPA (del inglés, Grade Point Average) y tu carrera de profesiones de la salud. Si oyes "triple integral" en tu primer día, es más que probable que estés en la clase de Física equivocada. Estas idiosincrasias hacen tropezar a estudiantes de pregrado.

El primer pilar, Química, constituye la base de muchos programas de estudios. El segundo pilar, Biología, engloba Anatomía, Fisiología y Microbiología. El tercer pilar incluye Comunicaciones, tanto escrita como hablada, y el cuarto pilar incluye Matemáticas y Física

A. QUÍMICA

Química General e Inorgánica I y II forman la secuencia de clases de Química del primer año para muchos programas preprofesionales. Utilizaré los prefijos de curso y los enumeraré de acuerdo a la numeración común del sistema de colegios universitarios comunitarios de Iowa. Si deseas ir a www.dmacc.edu, sólo tienes que hacer clic en CHM [[C-H-M]] 165 y CHM 175 y ver una descripción del curso. Las descripciones de nuestros cursos y las competencias detalladas del curso están disponibles para el público.

Debido a que Química puede tomar cuatro semestres, lo ideal es que un estudiante desee comenzar con Química Inorgánica I y II, y luego pasar a Química Orgánica I y II. A veces el colegio universitario no ofrece cada clase durante todos los semestres. Tomar QM 165 como estudiante del semestre de otoño funciona mejor.

Nota: Química Inorgánica requiere un nivel de Matemáticas específico antes de inscribirse. Incluso si de alguna manera puedes entrar en el curso porque nadie lo chequea, no lo hagas. Tener la base adecuada en Matemáticas es fundamental para pasar Química Inorgánica con una buena calificación.

B. BIOLOGÍA

Cuando me presenté a mi escuela de farmacia en 1993 - la Universidad de Maryland, Baltimore, UBM - la serie de Biología General I y II y Microbiología cumplían con el requisito. Nunca había tenido una clase de Anatomía y Fisiología. Sin embargo, ahora, la mayoría de los colegios de enfermería, farmacia y medicina requieren clases de anatomía y fisiología. Antes de inscribirte en cursos de Biología, reúnete con un consejero para revisar las páginas web de admisión a las escuelas a las que más probablemente asistirás.

C. COMUNICACIÓN

Los cursos de Comunicación incluyen Composición I, Composición II, y algún tipode comunicación oral.

Las clases de composición te hacen un mejor escritor. Las clases de literatura te hacen un mejor lector. Si quieres superar la parte verbal del examen de ingreso, clases de literatura e incluso una clase de gramática o de lectura rápida ayudan. Un estudiante con un pregrado en inglés me ayudó con estos requisitos, ya que el inglés no es mi primer idioma.

Inscribirte en lenguas clásicas, como latín y griego antiguo también puede ayudarte en tu puntaje verbal. Las raíces latinas y griegas forman muchas de nuestras palabras médicas. Algunos estudiantes tomarán a cambio terminología médica.

D. MATEMÁTICAS Y FÍSICA

La mayoría de los colegios universitarios requieren Estadística, y puedes esperar Cálculo I como requisito para la escuela de farmacia y medicina. Aquí es donde las hojas de control del plan de estudios dañan a los estudiantes. Viendo Cálculo I en el plan del primer semestre desalienta a un estudiante que tiene que cursar Pre-cálculo o Trigonometría, o incluso Álgebra. Un calendario pre-médico de cuatro años es un cronograma artificial. Si lo necesitas, toma el primer año para ponerte al día en matemáticas. Trabaja a tu ritmo. Los pacientes no quieren un proveedor apresurado. No adquieras este mal hábito cuando aún no estás graduado.

Física. ¡Cuidado! La Física Clásica suena como música de la Radio Pública Nacional, RPN. Un curso listado con un requisito de Cálculo puede ser el curso equivocado. Pocas escuelas profesionales piden Física de Ingeniería, si es que de veras necesitan Física. Excepto, por supuesto, Harvard.

Nota: La Física es divertida, pero requiere tiempo y una comprensión firme de Matemáticas. Los que pasan bien Física tienden a hacer bien el Test de Admisión del Colegio Médico (MCAT, Medical College Admissions Test).

CAPÍTULO 3: CONSEJOS PARA EL PRIMER SEMESTRE

1. Minimiza los Créditos Académicos. Creo que el primer semestre de tu viaje de pregrado es un momento peligroso. Mi ignorancia de cómo las clases del colegio universitario diferían exactamente de las clases de la escuela secundaria me lastimó cuando comencé el colegio universitario.

El estudiante de un colegio universitario promedio termina un grado en cuatro años y medio a cinco años. Sin embargo, los administradores escriben hojas de control del plan de estudio para una graduación de cuatro años. Esto crea cargas de créditos insostenibles para los novatos recién llegados.

2. Resumen de la Transcripción. Cuando te presentas a un colegio universitario, especialmente aquellos con una pequeña oficina de admisiones y un gran número de solicitantes, la oficina puede resumir tus calificaciones en una sola línea de datos. Cuando *tú miras* tus propias transcripciones, ves la historia de tu vida académica. Puedes imaginar a alguien en admisiones cuidadosamente leyendo sobre tu pobre primer semestre, pero observando cuidadosamente tu recuperación del segundo semestre.

En realidad, eres una línea de promedios de calificaciones y resultados de exámenes de ingreso. El comité de admisiones tiene que hacer el primer corte antes de darse un tiempo significativo para el segundo corte.

Esto significa que tus calificaciones son más importantes que la velocidad a la cual ganas esas calificaciones. No hay ningún asterisco con un bono para los estudiantes que completaron 18 o 21 créditos en un semestre.

3. **Tomar Química y Matemáticas**. En medicina y farmacia, así como en algunos programas de enfermería, Química es una secuencia de cuatro semestres que pueden obligarte a avanzar más lentamente. Los estudiantes preparados académicamente pueden tomar Química y Matemáticas en su primer semestre para permanecer en un cronograma de cuatro años. Pero, la Química es una clase de Matemáticas disfrazada. Prepárate para superar los requisitos de Matemáticas antes de inscribirte en Química. Dependiendo de tu base en Matemáticas, Matemáticas también puede tomarte hasta cuatro semestres.

4. **Libros de Preparación de Pruebas para Prepararte para el Próximo Semestre**. Si vas a tomar Química Inorgánica, ¿por qué no pasar el semestre anterior al curso estudiando Química Inorgánica de un libro de preparación de pruebas? Mientras estás tomando las clases, sabrás algo de Química por adelantado. Lo harás mucho mejor.

5. **Múltiples Consejeros de Varios Colegios**. Múltiples consejeros te ofrecen puntos de vista diferentes. Más importante aún, puedes encontrar discrepancias. Si un consejero te dice una cosa y otro te dice otra, sabrás que alguien cometió un error o que hay una diferencia de opinión.

6. **La "W"**. No estoy hablando de la "W" azul de los Cachorros de Chicago como bandera de victoria. Más bien, sobre retirarte de un curso de colegio. *En el colegio universitario es*

diferente que en la escuela secundaria. Si no te va bien en una
clase, y sabes que no vas a hacerlo bien, debes retirarte de la
clase.

La gran idea equivocada es que, si sigues cuatro clases, cada
una te tomará un cuarto de tu tiempo. Eso no es cierto. Química
Orgánica te tomará más tiempo que otras. Un laboratorio que
otorga un crédito a menudo necesita dos horas de asistencia, no
una. Una retirada es un retiro temporario, quizá salves la
batalla y tal vez la guerra.

CAPÍTULO 4: UN EXAMEN DE ADMISIÓN PERFECTO

Gané 1,5 de promedio de calificaciones, (GPA del inglés, Grade Point Average) en la escuela secundaria del colegio universitario de la comunidad, un GPA de 2,9 en mi próximo colegio durante dos años, y luego 3,0 GPA en mi tercer colegio. Sin embargo, el colegio donde me gradué tomó el puntaje más nuevo. Al retirarme de algunas clases y retomar otras, gané un GPA acumulativo de 3.0.

Hoy, los servicios de aplicación universitaria promedian todos los puntajes juntos, de modo que conviene que te retires estratégicamente. Si ganas una "F" en una clase de cuatro créditos y luego un "A" de cuatro créditos en esa misma clase en el siguiente semestre, tendrás ocho créditos "C." Si te retiras de la clase "F", terminas con cuatro créditos "A."

¿Cómo llegué a la escuela profesional con sólo un 3,0? Salí en el porcentil 99 en mi examen de ingreso. No obstante, no obtuve un 99 en cada sección; gané una puntuación de alrededor de 80 en Biología. Sin embargo, mis puntajes en otras secciones empujaron mi puntaje compuesto a 99. ¿Cómo lo hice? Utilicé varios libros de preparación de pruebas bajo un régimen de entrenamiento especial.

PREPARACIÓN PARA EL EXAMEN/CARRERA DE CAMPO

Seguí un cronograma similar al que utilizan los corredores de campo cuando se preparan. Trabajé en velocidad, resistencia y terrenos variados.

1. Carreras Cronometradas. Mejoré mi velocidad al permitirme sólo la mitad del tiempo normal en cada sección del examen. ¿Por qué correr rápidamente a través de preguntas del test? Porque quieres más tiempo para otras preguntas. Si en carrera de campo siempre entrenas al mismo ritmo, correrás a ese ritmo. Del mismo modo, la preparación para el examen de ingreso a un ritmo rápido te ayuda a acelerar tu velocidad de referencia.

2. Carreras de Fines de semana largos. La carrera de fin de semana forma un elemento básico del entrenamiento de un corredor de campo. Las largas carreras proporcionan una base de la aptitud física. A medida que tu día de prueba continúa, tu nivel de glucosa en sangre disminuye. Te tirarás sobre un muro de agotamiento a menos que hayas acumulado resistencia. Yo estudiaba los domingos, agregando quince minutos cada semana hasta que tuve largas sesiones de prácticas de exámenes. En esos días no leía. Sólo abordaba las preguntas de práctica durante horas y horas.

3. Terreno variado. Muchos corredores corren en cintas de correr planas. Los campos de golf tienen colinas y un terreno accidentado. Estudiar siempre en zonas tranquilas es artificial. El día del examen, la gente hará clicquear sus bolígrafos, estornudará, toserá y mascará chicle. Si no te has preparado para estas distracciones, podrías arruinar tu puntaje. A veces, me gustaba estudiar en el vestíbulo de la biblioteca para desafiar mi concentración.

CAPÍTULO 5: UN COMPROMISO CON LA PROFESIÓN

¿AEC, TCF o TME? La mayoría de los estudiantes que aplican a la escuela profesional tienen antecedentes de trabajo práctico de salud. Para enfermería, es un Asistente de Enfermería Certificado (AEC); Para farmacia, es un Técnico certificado en Farmacia (TFC); Y para medicina, podría ser un Técnico Médico de Emergencia (TME) o paramédico.

No trabajes tantas horas que las calificaciones sufran. Muchas horas con malas notas no impresionan a los comités de admisión. Yo era un voluntario de farmacia con sólo cuatro horas a la semana.

Asistente de Investigación. La investigación de pregrado también puede mostrar un compromiso con la profesión. Si encuentras una oportunidad para la investigación relacionada con la medicina, te recomiendo que la tomes. A veces las ayudantías de investigación te las pagan.

CAPÍTULO 6: FARMACOLOGÍA PRIMERO

Antes de entrar en detalles sobre Química, Biología, Comunicaciones, y Matemáticas y Física, quiero destacar Farmacología. La mayoría de los estudiantes toman los cuatro pilares: Química, Biología, Matemáticas y Comunicaciones como clases separadas. Es como una búsqueda del tesoro. Para cada disciplina van a diferentes edificios en el campus. Para reunir estas disciplinas, te recomiendo la farmacología de pregrado.

La Farmacología incorpora la Química como base para las estructuras de los fármacos. Aprendes sobre Biología aprendiendo cómo estos medicamentos aumentan la glucosa en sangre, disminuyen la frecuencia cardíaca o disminuyen el ácido. Historias sobre nuevos medicamentos proporcionan temas para comunicaciones y charlas. Los cálculos de dosificación te ayudan a solidificar las matemáticas básicas. En la mayoría de los planes de estudio verás Farmacología como algo que tomas cuando has aprendido todas estas disciplinas. Veo la Farmacología como el fundamento *y* la piedra angular.

Clases como Química y Biología que se relacionan directamente con la medicina conducen a los estudiantes desde caminos pre-profesionales. Al comprometerte con la Farmacología y los estados de enfermedades que te afectan a ti, a tu familia, o a tus amigos, ganas un propósito. Ese propósito te conduce a través de noches tardías, malas calificaciones, y otros desafíos.

CAPÍTULO 7: QUÍMICA EN PROFUNDIDAD

QUÍMICA

Hay seis niveles de clases de Química. Quiero asegurarme de que empieces en la correcta. Los colegios comunitarios de Iowa han acordado compartir el mismo número de cursos para facilitar a los estudiantes la transferencia a universidades de cuatro años. Voy a utilizar este sistema.

Nota: Las descripciones detalladas del curso están en el catálogo de la universidad. *Los catálogos de los colegios universitarios no son cronogramas de clases*. El catálogo del colegio cambia anualmente. El horario de clases cambia cada semestre.

Por ejemplo, el *catálogo del colegio* mostrará Química Orgánica I *y* II durante todo el año calendario.

El *calendario de las clases* solo podría incluir Química Orgánica I en otoño y verano. Luego verás Química Orgánica II en primavera, cuando esté disponible un profesor para enseñarla.

CURSOS DE QUÍMICA DE UN SEMESTRE
Nivel 1 – (CHM 106) QM 106 Estudio de Química 3 2 2

Esta clase de estudio de química es para estudiantes que quieren una clase de ciencia de laboratorio de tres créditos.

¿Qué significa el 3 2 2?
El primer "3" es el número de horas de crédito.
El primer "2" es el número de horas de clases teóricas por semana.

El segundo "2" es el número de horas de laboratorio por semana.

Espera cuatro horas de clase. Dos de esas horas provienen de los 2 créditos de las clases teóricas. Dos de esas horas vienen de 1 crédito de laboratorio. Para las clases de ciencia de laboratorio, *cada hora de crédito académico* de laboratorio equivale a dos horas cuando estás *físicamente presente* en el laboratorio.

Nivel 2 – (CHM 122) QM 122 Introducción a la Química General 4 3 2

Esta clase es para estudiantes de ciencias de la salud y diplomados en grados que no son de ciencia. Los diplomados en ciencias de la salud incluyen estudiantes en higiene dental, enfermería, programas de técnico de laboratorio médico, etc. Algunos colegios universitarios llaman a estas especialidades las profesiones aliadas de la salud. Esta clase se cumple con cinco horas a la semana y da cuatro horas de crédito académico - tres horas de clase teórica, dos horas de laboratorio. Ya que Álgebra de la escuela secundaria es el requisito mínimo, te recomiendo que pases ese nivel. La mayoría de las ecuaciones de la química dependen de las matemáticas.

Nivel 3 – (CHM 132) QM 132 Introducción a la Química Orgánica/ Bioquímica 4 3 2

Esta clase también es para estudiantes ligados a profesiones de la salud. Es una clase de un semestre que se reúne con cinco horas y da cuatro créditos académicos con tres horas de clases teóricas y dos horas de trabajo de laboratorio semanalmente. Va muy rápido.

CURSOS DE QUÍMICA DE DOS SEMESTRES

Nivel 4 – (CHM 151) QM 151 Química de Colegio Universitario I y QM 152 Química de Colegio Universitario II

Espera, ¿por qué es de nivel 4? ¿No es la Química Orgánica y la Bioquímica una clase de nivel superior? Esta es la primera secuencia de *dos semestres*. QM 122 es una clase de un semestre que cubre temas similares para especialidades no científicas, pero no con tanta profundidad como la secuencia de dos semestres. No usamos esta secuencia en el DMACC [[D-MACC]] ((DMCC del inglés, Des Moines Area Community College, Colegio Universitario del Área Des Moines) porque no encaja en las diplomaturas que ofrecemos. Algunos otros colegios universitarios de Iowa lo hacen.

Nivel 5 – (CHM 165) QM 165 Química General/Inorgánica I y QM 175 Química General / Inorgánica II 4 3 3

Esta es la secuencia de Química pre-médica y pre-farmacia. Esta clase también es para ingenieros, médicos, veterinarios, y dentistas diplomados. Sin embargo, si no has tomado Química de la escuela secundaria o si ha sido hace mucho tiempo, considera QM 122.

Nota: Como mencioné anteriormente, los servicios de admisión a las escuelas de farmacia, medicina y odontología ahora tienen calificaciones promedio. Cuando me presenté a la escuela de farmacia, era mejor tomar la clase más difícil dos veces. Si tienes un buen título de grado, genial. Si no, lo tomas otra vez. El colegio universitario tomaba el grado más nuevo. Esa ventaja ya no se ofrece.

Antes de pasar al Nivel 6, permítanme contarles un poco sobre sus compañeros de clase, y esto será cierto para muchas otras clases.

No sabes lo listos y preparados que están.

Por ejemplo, cuando corrí mi primera carrera de 5 kilómetros (5-K), pensé que saldría en tercer lugar en mi grupo etario. Llegué en el último medio muerto. Todos parecían iguales. Algunos corredores tenían buenos zapatos o parecían estar más en forma. Pero no les podía decir quién lo haría bien.

En la carrera de la clase, si te sentabas a mi lado, no sabrías que había tomado Química AP (del inlés, Advanced Placement, Ubicación Avanzada) y Cálculo I y II en la escuela secundaria. Yo era otro novato de dieciocho años con una camiseta y pantalones vaqueros.

El profesor nos califica igual, tanto si tomamos Química y Cálculo o no. Los estudiantes de pre-medicina y estudiantes de pre-ingeniería están en una dura competencia. Les encanta la ciencia. Pueden dejarte atrás. Sé que es difícil evaluar tu propio nivel. Pero, si no estás seguro acerca de tu capacidad y necesitas una "A", toma QM 122 primero.

Nivel 6 – (CHM 263) QM 263 Química Orgánica I y QM 273 Química Orgánica II 5 3 4

Esta es la secuencia de dos semestres de química que termina los viajes de muchos estudiantes pre-profesionales. ¿Por qué? En primer lugar, es un curso 5 3 4. Esto significa que tiene cinco créditos académicos, 3 horas de clases teóricas y 4 horas de trabajo de laboratorio semanalmente. Requiere que entiendas los principios de QM 165/175 y que puedas pensar hacia atrás.

Química Orgánica es un test de tu futuro como profesional de la salud. En la práctica, comienzas con la enfermedad de un paciente y trabajas hacia atrás para saber la etiología o causa.

No es que los estudiantes no sean lo suficientemente inteligentes como para aprobar Química Orgánica. Para la mayoría de los estudiantes Química Orgánica toma más trabajo de lo que cabe en un semestre de 15 semanas

Aquí hay cinco enfoques que pueden mejorar las posibilidades de un estudiante de aprobar Química Orgánica.

6. Reducir la carga del curso
7. Seguir el curso por tí mismo en verano
8. Estudiar previamente con libros de preparación
9. Tomarlo, retirarte y repetirlo

Hay un gran libro de un profesor de Johns Hopkins, David Klein, llamado *Química Orgánica como Segundo Idioma*. Recomiendo leerlo el semestre antes de tomar Química Orgánica.

CAPÍTULO 8: BIOLOGÍA EN PROFUNDIDAD

Hay cuatro tipos principales de Biología. Cada una tiene varios niveles: biología general, anatomía, fisiología y microbiología.

BIOLOGÍA GENERAL DE UN SEMESTRE
Nivel 1 - BIO 104 Introducción a la Biología con Laboratorio 3 2 2

Si no tuviste biología en la escuela secundaria, toma este curso primero. Si tuviste una buena clase de biología u honores, entra en BIO 112, Biología General I. Ten en cuenta que este curso de nivel inferior tiene en el título "c/lab.". BIO 112 Biología General no lo tiene. Ambas clases tienen laboratorio. A veces los títulos de los cursos no lo dicen directamente.

BIOLOGÍA GENERAL DE DOS SEMESTRES
Nivel 2 - BIO 112 Biología General I y BIO 113 Biología General II 4 3 2

Esta clase de biología pre-profesional incluye tres horas de clases teóricas con dos horas de laboratorio. Esta no es biología humana. Cuando una escuela de medicina escribe que quieren un año de biología humana, significa anatomía y fisiología. Esto confunde a la gente porque el título del curso de anatomía y fisiología no dice "biología". Esta clase abarca los organismos biológicos, incluidos los procariotas. Los procariotas carecen de un núcleo unido a la membrana. Aunque no hay un nivel de "biología" tres; a menudo los estudiantes se pasan a Anatomía y Fisiología después.

ANATOMÍA Y FISIOLOGÍA DE UN SEMESTRE

Las escuelas profesionales varían en lo que quieren, así que voy a esbozar todos nuestros cursos.

Nivel 1 - BIO 156 Biología Humana 3 2 2

Como QM 122 Introducción a la Química General y BIO 104 Introducción a la Biología, este es un curso preparatorio. Esta clase te prepara para clases avanzadas de anatomía y fisiología. La mayoría de los cursos de biología de la escuela secundaria no se centran en anatomía humana. Este lo hace.

Nivel 2 - BIO 733 Anatomía de las Ciencias de la Salud y BIO 734 Fisiología de las Ciencias de la Salud 3 2 2

Mientras que la mayoría de los estudiantes toman BIO 733 Anatomía de las Ciencias de la Salud primero, luego BIO 734 Fisiología de las Ciencias de la Salud, los estudiantes pueden tomarlas juntas. Cada una tiene una clase de tres créditos con dos horas de laboratorio y dos horas de clases teóricas por semana. Algunos estudiantes confunden la "ciencia de la salud" con pre-médicos, pre-farmacia o pre-dental.

Nivel 3 - BIO 156 Fundamentos de Anatomía/Fisiología 5 3 4
Esta es una introducción de un semestre de nivel superior a anatomía y fisiología. Esta es específica del programa. La mayoría de los estudiantes pre-profesionales no tomarían una clase de un semestre en esta área.

ANATOMÍA Y FISIOLOGÍA DE DOS SEMESTRES
Una secuencia combinada de dos semestres en anatomía y fisiología es lo que los colegios universitarios profesionales quieren. Debes asegurarte de lo que se requiere: Pregunta al consejero del colegio de posgrado y tu consejero de pregrado.

BIO 168 Anatomía y Fisiología I y

BIO 178 Anatomía y Fisiología II 4 3 2
Esta es una secuencia desafiante con tres horas de clase y dos horas de laboratorio cada una. Muchos estudiantes encuentran que tomar Terminología Médica antes de Anatomía y Fisiología le toma menos que un idioma extranjero. La clase va rápidamente y requiere memorización. Espera pasar tiempo en el laboratorio antes y después de la clase.

MICROBIOLOGÍA
Nosotros ofrecemos dos cursos de un semestre en la DMACC. Al igual que con Química Orgánica, algunos colegios universitarios ponen en su lista a esta como una clase de 300 niveles para principiantes. Aquí también tómate tiempo extra para el trabajo de laboratorio.

Nivel 1 - BIO 732 Ciencias de la Salud Microbiología 4 3 2

Este curso requiere un semestre de Biología de *nivel de escuela secundaria* como requisito previo.

Nivel 2 – BIO 186 Microbiología 4 3 3

Este curso pide un semestre de nivel de *colegio universitario* en Biología como requisito previo.

Nota para Biología Final: Los requisitos para Biología varían; Busca asesoramiento individual de varios consejeros.

CAPÍTULO 9: COMUNICACIONNES EN PROFUNDIDAD

A menudo, los estudiantes creen que una carrera profesional es una carrera de ciencias pura. Pero piensa en la última vez que alguien te pidió que calificaras a un médico. ¿Qué dijiste? ¿Te preguntaste si eran buenos en la ciencia? No, te preguntaste: "¿Es bueno el doctor?" Los buenos profesionales de la salud tienen excelentes habilidades de comunicación escrita y oral. Sin embargo, la mayoría de los planes de curso pre-profesionales permiten que pocas clases te hagan un mejor escritor y orador.

Un profesional de la salud se comunica diariamente con el personal, los pacientes y los proveedores por teléfono y por escrito. Una licenciatura en Inglés ayuda a más que un título de grado en Biología. El diplomado en inglés también es muy elegible. Mi Licenciatura en Inglés, (B.A. en inglés) tenía 37 créditos en inglés. Esta pequeña fracción de los requisitos para la licenciatura me permitió flexibilidad en el título de grado de 120 créditos.

¿No es que los graduados en Biología tienen una ventaja en las admisiones y en los primeros años de la escuela profesional? No necesariamente. El licenciado en inglés se diferenciará de los licenciados en biología. Ganará ampliamente en el ensayo personal y la entrevista, habiendo respondido a preguntas difíciles en las clases pasadas. Lo que muchos estudiantes confunden es el "número" aceptado versus "porcentaje" aceptado.

Más graduados en Biología ingresan a escuelas profesionales porque hay más solicitantes de Biología. Sin embargo, en porcentaje, los graduados de Biología se ubican últimos en la manada. Los licenciados en música y los licenciados en ingeniería se ubican en, porcentaje, están al frente. Los licenciados en música pasan largas horas practicando. Los licenciados en ingeniería son solucionadores de problemas. Ambas habilidades se transfieren bien a carreras médicas. Los estudiantes de Humanidades también lo hacen bien.

Cuando los exámenes de ingreso prueban la ciencia, tienes que leer rápidamente y entender la densa escritura académica. Los licenciados en Inglés y otros humanidades dominan esta habilidad.

Los estudiantes preguntan, "¿Cómo puedo obtener una ventaja sobre otros estudiantes?" Toma cursos de gramática, escritura y literatura. Así sobresaldrás en el examen de ingreso con un puntaje global más alto. Darás la bienvenida al ensayo de admisión, la entrevista y el "ensayo sorpresa" que algunas escuelas lo proporcionan el día de la entrevista

¿Qué pasa si no soy bueno en inglés? Mi primer idioma no es el inglés. Es el español. Y esa es la mejor razón para lograr un título de grado en inglés. La falta de comunicación persigue a los estudiantes en exámenes de ensayo, las notas del paciente, y las entrevistas de trabajo. Para entender este requisito, veamos primero las clases de escritura. Estas otorgan tres créditos cada una, reuniéndose durante tres horas semanales.

COMPOSICIÓN
(ENG 105) ING 105 Composición I

Este es el Primer Año de Composición, o Inglés 101. Redactarás escritos para exponer o escritos para informar. Trata de inscribirse en comunidades que otorgan títulos de grado específicos con esta clase. Escribir trabajos sobre temas que te interesan es mejor que hacer el trabajo por el trabajo mismo

(ENG 106) ING 106 Composición II

El segundo semestre de Composición suele añadir la escritura persuasiva a la escritura expositiva. Cuando escribes un ensayo de admisión, intentas persuadir al comité de que eres un excelente candidato. Si tu profesor permite libertad en los temas, trabaja en tu ensayo de admisión.

EXPOSICIÓN
(SPC 101) CE 101 Fundamentos de la Comunicación Oral

Esta es la clase exposición. La gente tiene más miedo de hablar en público que a morirse. Entiendo que podrías temer a esta clase. Sin embargo, tus compañeros de clase también están nerviosos.

Te recomiendo te unas a un club internacional de Toastmasters (Maestro de Ceremonias). La misión de los Toastmasters es ayudar a las personas a convertirse en excelentes oradores públicos. Mis padres me llevaron a mi primera reunión de Toastmasters en 8vo grado. Nunca temí hablar. Bueno, en realidad si le temía a hablar cara a cara a las chicas. A hablar en público delante de una multitud, no.

Notas finales para Comunicaciones: La mayoría de las escuelas profesionales limitan los requisitos de composición y comunicación oral para dar cabida a más ciencia. Esta es una oportunidad para desempeñarte mejor que otros estudiantes en los exámenes de la junta, la muestra de escritura y la entrevista. Si eres igual en ciencia a otros estudiantes, pero un comunicador mucho mejor, el personal de admisiones se dará cuenta.

CAPÍTULO 10: MATEMÁTICAS Y FÍSICA EN PROFUNDIDAD

Farmacia y las escuelas médicas esperan Cálculo I como mínimo. Las escuelas de enfermería y otras escuelas profesionales varían en sus requisitos, pero exigen como requisito previo Matemáticas. Muchas universidades tienen un examen de ubicación en matemáticas durante la orientación. No te apresures a tomarlo. Si te va mal en el examen de ubicación puede hacerte retroceder un semestre o dos.

MATEMÁTICAS
MAT 157 - Estadística

Este curso es importante porque muchos artículos de investigación incluyen estadística. Sería ideal si pudieras tomar esta clase junto con investigación.

MAT 211 Cálculo I

La ruta del estudiante pre-profesional hacia Cálculo I puede comenzar en Álgebra. Después podrías pasar a Trigonometría, Pre-cálculo y Cálculo I. Coordina con los consejeros para tomar la sección correcta de matemáticas antes de Química y Física. De no hacerlo te pones en una desventaja terrible frente a algunos de los estudiantes buenos en matemáticas. Nota: Cálculo está en el PCAT (por sus siglas en inglés, Test de Admisión al Colegio Universitario de Farmacia) y MCAT (por sus siglas en inglés, Test de Admisión al Colegio Universitario de Medicina), que los estudiantes usualmente toman dos años después que tú tomes esa clase. Deja tiempo para formar tu base de matemáticas. Además, algunas escuelas de medicina requieren Cálculo II.

FÍSICA

Los requisitos para Física varían. En la escuela profesional, ponen poco énfasis en la Física.

FÍSICA DE UN SEMESTRE
Nivel 1 – (PHY 106) FI 106 Curso de Física 4 3 2

Este es un curso introductorio, o física de la escuela secundaria. Sólo necesitas una comprensión básica de las matemáticas. No es para la mayoría de los estudiantes pre-profesionales, pero consulta con un consejero.

FÍSICA DE DOS SEMESTRES
Nivel 2 -
(PHY 160) FI 160 Física General I y
(PHY 161) FI 161 Física General II 5 4 2

Física General requiere Trigonometría como requisito previo. Asegúrate de saber la Física que tu escuela profesional quiere. No tomes Cálculo basado en la Física Clásica que se menciona a continuación a menos que estés seguro de que la necesitas. Te consumirá tanto como Química Orgánica.

Nivel 3 – (PHY 213) FI 213 Física Clásica I y (PHY 233) FI 223 Física Clásica II 6 5 2

Esta es la Física para las Licenciaturas en ingeniería, física y astronomía junto con la mayoría de las escuelas profesionales de élite. Es más difícil que Química Orgánica. Esta clase exige una comprensión acabada de Cálculo.

Notas finales para matemáticas y física: Matemáticas y Física requieren mucho tiempo y esfuerzo. Los estudiantes de secundaria toman tantas clases de matemáticas y ciencias como sea posible.

CAPÍTULO 11: OTRAS CLASES EN PROFUNDIDAD

Mientras que los Colegios Universitarios de dos años ofrecen muchas clases en humanidades y ciencias sociales, es posible que necesites clases de ciencia de nivel superior. Éstas podrían incluir biología celular, genética, inmunología, kinesiología, química analítica y bioquímica. Podrás encontrar que los Colegios Universitarios comunitarios de Iowa ofrecen los cursos siguientes, pero éstos no son nivel superior, y están hechos para las licenciaturas técnicas o aliadas de la salud.

CLASES DE CIENCIAS

BIOQUÍMICA

La Bioquímica no es sólo "b-i-o" de biología más química en una sola palabra. Es el primer año de farmacia profesional y el equivalente a Química Orgánica para los estudiantes de medicina. Bioquímica es ardua porque el estudiante se debe apoyar sobre conocimientos de orgánica y biología, que puede tener un poco olvidados.

Los estudiantes preguntan si hay otras clases que deben tomar para hacer más fácil la escuela profesional. Mientras que los colegios comunitarios no ofrecen Bioquímica de nivel 300, es posible que la encuentres en combinaciones tales como **QM 132 Introducción a Química Orgánica y Bioquímica**. Este es un curso útil para hacer que la clase de bioquímica profesional de primer año sea mucho más fácil.

En las escuelas de cuatro años, Bioquímica es un curso superior de nivel 300. Me inscribí en Bioquímica el semestre de primavera antes de mi ingreso a la escuela de farmacia. Lo tomé sin laboratorio. Una vez que recibí mi carta de aceptación, dejé la Bioquímica. Necesitaba pasar Física II con una "C" o más, y el dejar Bioquímica me ayudó a que eso sucediera.

Nota: La prioridad es una carta de aceptación de la escuela profesional. Clases extra como Bioquímica ayudan en la escuela profesional. Pero si no entras, has tomado el curso sin beneficio alguno. Algunos cursos de nivel superior arruinan el GPA. Muévete con cuidado.

GENÉTICA
BIO 146 Genética 3 3

Algunas escuelas profesionales requieren genética. Asegúrate que el curso de genética que tomas se transfiera. Una clase de 100 niveles como esta probablemente sería preparatoria.

BIOLOGÍA MOLECULAR
BIO 250 Biología Celular y Molecular de Ácidos Nucleicos, BIO 251 Biología Celular y Molecular de Proteínas 5 2 6

La mayoría de las escuelas no requieren esta biología. Para tomarla, debes completar Biología, Química Inorgánica, Química Orgánica y Bioquímica. Tiene trabajo de laboratorio muy pesado.

CURSOS QUE NO SON DE CIENCIAS

CONTABILIDAD E INFORMÁTICA

ACC 131 Contabilidad I y ACC 132 Contabilidad II son contabilidad financiera y contabilidad gerencial, respectivamente.

CSC 110 Introducción a las Computadoras u Ordenadores es una clase de introducción a las computadoras, no es una clase de programación. Las clases de programación en lenguajes informáticos no son lo que buscan las escuelas profesionales.

CIENCIAS SOCIALES

Las clases de **ciencias sociales** requeridas (las que se centran en la sociedad humana y las relaciones sociales) pueden incluir antropología, economía, historia, ciencia política, psicología o sociología.

ANT100 Introducción a la Antropología
ECN120 Principios de Macroeconomía
ECN130 Principios de Microeconomía
HIS112 Civilización Occidental: Antigua a Moderna Temprana
HIS113 Civilización Occidental: Moderna Temprana hasta el Presente
HIS150 Historia de EE.UU. hasta 1877
HIS153 Historia de EE.UU. de1877 hasta el Presente
POL111 Gobierno Nacional Americano
(PSY 111) PSI111 Introducción a la Psicología
(PSY 121) PSI121 Psicología del Desarrollo
SOC110 Introducción a la Sociología

Nota: Muchas veces, las clases de historia pueden contarse como clases de ciencias sociales o de humanidades

HUMANIDADES

Los cursos de **humanidades** que se requieren (los que estudian la cultura humana) pueden incluir arte, drama, literatura, música, filosofía, religión y otros.

ART101 Apreciación del Arte
DRA101 Introducción al Teatro
LIT101 Introducción a la Literatura
MUS100 Apreciación Musical
(PHI 101) FI101 Introducción a la Filosofía
(PHI 105) FI105 Introducción a la Ética
REL101 Visión General de las Religiones Mundiales

Resumen: Determinar el orden de las clases año tras año es más arte que ciencia. Consulta a muchos consejeros

CAPÍTULO 12: PROFESORES

En sitios web como ratemyprofessor.com y myedu.com, un estudiante puede ver si los profesores califican de manera justa. Si el profesor no pone "A" o "B" en absoluto, eso es un problema. Nota: Algunos estudiantes tratan a profesores como relaciones difíciles. Piensan que *ellos* pueden cambiarlos. Te aseguro que no cambiarás al profesor.

Un profesor que pone todas "A" s también causa problemas, Necesitas aprender el material. El que otorguen "A" s fácilmente hace más difícil estudiar para el examen de admisión.

Un estudiante debe buscar frases clave como "cuida a sus estudiantes", "pasa tiempo contigo si necesitas ayuda", "hace que la clase sea interesante", "el mejor profesor que he tenido", "excelentes discusiones", etc. Un profesor con las mejores calificaciones excepto "facilidad" puede conducir a una buena clase.

Los mejores profesores equilibran rigor y recompensa.

Nota: "Personal" bajo el nombre del instructor significa que el colegio todavía tiene que contratar a alguien para dar la clase. En el colegio universitario comunitario, no tenemos estudiantes de postgrado que estén enseñando. Sin embargo, en una escuela de cuatro años, puedes encontrar estudiantes de posgrado que enseñan bajo la supervisión de un profesor. Esto no siempre es malo. Algunos estudiantes de postgrado participan plenamente. Sin embargo, sabe que podrían estar aprendiendo a enseñar. Al principio del semestre, pide reunirse con ellos. Usa tu intuición.

CAPÍTULO **13**: COMPAÑEROS DE ESTUDIO

Clases de Excelencia

Los estudiantes motivados en clases de excelencias pueden desafiarse mutuamente. Mantenerse l nivel significa horas extras en la biblioteca, pero con énfasis en el trabajo en grupo y en el laboratorio, el tiempo se mueve rápidamente. En mi colegio universitario comunitario, nuestro programa de excelencia no está configurado como una clase de estudiantes excelentes. Más bien, los profesores excelentes apoyan a algunos pocos estudiantes dentro de una clase regular. Se reúnen con ellos regularmente frente-a-frente para trabajar en proyectos que les importan a los respectivos estudiantes.

Clases Grandes

Si estás en una clase grande, que yo las defino a las que tienen más de 25 o 30 estudiantes, y necesitas atención adicional, considera el centro de éxito. Todas las los colegios universitarios ofrecen tutoría. Haz de esta tu clase más pequeña dentro de una clase.

Colegio Universitario comunitario comparado con clases de colegios de cuatro años

Podrás leer que las escuelas profesionales están buscando que tomes ciencias duras como Química Orgánica en el colegio universitario de cuatro años. Pero, ¿aprenderás mejor en una clase de colegio de cuatro años de 300 estudiantes con un estudiante de postgrado dirigiendo tu sección de laboratorio? ¿O es mejor una clase de 24 estudiantes y un laboratorio con un profesor que tiene un doctorado de un colegio universitario? Te dejaré a ti la respuesta.

CAPÍTULO 14: ¿QUÉ CLASES DEBO TOMAR?

En Química Orgánica, aprendes acerca de síntesis. El profesor te da un compuesto para "sintetizar". Debes volver hacia atrás para ver qué ingredientes necesitas. Este "comienzo con un fin en la mente" es el mismo método que se utiliza para armar un programa de clases.

Un licenciado en química sabe exactamente qué cursos tomar. Hay un plan de cuatro años, también conocido como una hoja de verificación del plan de estudios. Aun si te pasas de un colegio universitario de dos años a uno de cuatro años, la ruta suele ser perfecta. Sin embargo, si no conoces tu licenciatura de pregrado, estás en problemas. Recomiendo otro libro que escribí titulado *El Último Obstáculo para las Admisiones*. En el libro te ayudo a visualizar tu día de graduación. Tal vez esto te ayudará a encontrar un grado.

Necesitas dos ingredientes para hacer un cronograma de clases: 1) un grado, y 2) una escuela profesional. Es mejor adivinar que no planificar. ¿Cómo puedes saber qué colegio te va a aceptar? Existe un método para esto, pero consejeros experimentados te pueden ayudar.

Una actividad que ayudó a una estudiante mía fue hacer tres videos separados de YouTube. Cada uno esbozaba los requisitos previos para entrar en la escuela de enfermería, en la escuela de farmacia y en la escuela de medicina. Al generar estos videos y enseñando a otros a través de ellos, ella aprendió las diferencias entre estos caminos pre-profesionales. En última instancia, este proyecto le permitió elegir qué campo quería estudiar como una estudiante graduada.

CAPÍTULO 15: LOS EXÁMENES DE ADMISIÓN

El examen de admisión nivela el campo de juego. Es una oportunidad para mostrar tu verdadero nivel comparado con el de otros solicitantes. En esta sección, voy a hablar de tres exámenes: el Test de Admisión al Colegio Universitario de Farmacia (PCAT, por sus siglas en inglés), las Pruebas de Admisiones al Colegio Universitario de Medicina (MCAT, por sus siglas en inglés) y el Registro de Exámenes de Graduados (GRE) para programas de graduación en enfermería.

EL PCAT

Los libros de preparación para el test PCAT hacen un excelente trabajo al proporcionar una revisión para las secciones de Biología, Cuantitativa y Química. Sin embargo, creo que la preparación para el GRE (por sus siglas en inglés: Graduate Examination Exam*) te ayudará más para el Examen Oral. Puedes encontrar información sobre el PCAT en pcatweb.info, pero quiero hablar sobre estrategias que no vas a encontrar allí.

Clasificamos las secciones de Biología, Química y Cuantitativa como ciencias físicas. La capacidad verbal, la escritura y la comprensión de la lectura caen bajo las humanidades.

Este presenta una oportunidad. La mayoría de los estudiantes pre-profesionales obtienen títulos en ciencias. Sin embargo, en todo el país, los estudiantes en estas licenciaturas tienen un GPA (Promedio de Calificaciones) más bajos que otras.

Para mejorar tu calificación en el PCAT contra los licenciados en ciencias, debe tomar más clases de inglés, historia o comunicaciones. El PCAT no prueba los principios más altos en Biología y Química. Más Biología y Química no sirven de ayuda.

El MCAT

Estoy escribiendo este libro en 2017 en el tercer año del nuevo examen MCAT. Casi el 90% de los solicitantes están usando los nuevos puntajes del examen.

Las cuatro secciones del MCAT de siete horas y media incluyen:

1. Fundamentos Biológicos y Bioquímicos de los Sistemas Vivos

2. Fundamentos Químicos y Físicos de los Sistemas Biológicos

3. Fundamentos Psicológicos, Sociales y Biológicos del Comportamiento

4. Análisis Crítico y Habilidades de Razonamiento

Los puntajes más recientes del MCAT oscilan entre 118 y 132 en cada sección con una media de 125. El examen completo se califica de 472 a 528 con una media de 500. No existe ninguna curva, pero sí se ajustan. Eso es por qué no obtienes el puntaje hasta 30 a 35 días después del test.

Los materiales gratis para el MCAT abundan. Sin embargo, la mitad de los estudiantes reportan que pagan por un entrenamiento externo. Para que te vaya bien en el MCAT, creo que tienes que trabajar en grupo. No te preocupes por quién de tu grupo te va a ganar o tomar tu lugar. Hay decenas de miles de estudiantes que toman el MCAT anualmente. No muchos trabajan en grupos. El sitio web te permite ver qué puntajes han obtenido los estudiantes admitidos.

El GRE

La primera hora del GRE incluye escribir dos ensayos. La calificación es holística, o evalúa el ensayo como un todo. Un ordenador también mide la escritura. Si los dos están de acuerdo, genial. Si no, hay otro nivelador humano para laudar en el empate. Tengo un video de GRE con más de 100.000 visitas en mi canal de TonyPharmD [[Tony Pharm D]] que habla de cómo lograr un 5.

Luego hay dos secciones Verbales, dos secciones de matemáticas y una sección experimental de matemáticas Verbal diseñada para probar nuevas preguntas. El centro de exámenes no te dirá qué sección está investigando. Por lo tanto, si sientes que bombardeado de respuestas una sección, sabe que puede no contar.

UN CRONOGRAMA DE PREPARACIÓN DE PRUEBAS RÁPIDAS

Si tienes sólo tres semanas hasta la fecha del test, estas técnicas te pueden ayudar. En lugar de usar muchos libros de preparación del test, en un tiempo limitado, sólo elegí mi favorito - el libro de Kaplan GRE con exámencs en línea.

Con mi grado de licenciatura en Inglés, no necesité dedicar mucho tiempo a la preparación de las muestras de escritura. En esos dos años había dedicado mi tiempo a literatura superior y a las clases de inglés. Dediqué el mismo tiempo a la preparación para la sección Verbal y Cuantitativa.

Me preparé para terminar un examen completo de práctica de cuatro horas cada dos días y terminé siete exámenes de práctica antes que llegara la prueba. Mi objetivo: Aprender de cientos de errores.

Para la sección Cuantitativa, sólo miré las preguntas en las que había cometido un error, revisé mi error y lo anoté en mi cuaderno de "errores". Entonces buscaba un aula vacía, ponía en el pizarrón los problemas en que había fallado y se los enseñaba a nadie en particular. Si hubiera tenido más tiempo, habría vuelto a tomar un curso de Estadística y Geometría.

Para la sección Verbal, hice grabaciones de mis errores. No estaba tratando de aprender 30.000 palabras nuevas - sólo las 300 muy importantes.

Daba paseos por la noche (durante alrededor de una hora) escuchando un podcast sobre lingüística de la Universidad de Stanford que me ayudaba a volver al procedimiento de separar las palabras. Cuando veo una palabra, me pregunto: "¿De dónde ha salido esto?" Por ejemplo, ¿Sabías que California procede de Cali (caliente)- forn (horno? ¿Qué pasa con Vermont? Ver- (verde) - mont (montaña)

Terminé sacando 168/170 en Verbal (percentil 98), 163/170 en la sección Cuantitativa (percentil 87), y 5 de 6 en la sección de escritura analítica (percentil 93). Este resultado me dice que las técnicas que usé para mi examen de ingreso a farmacia se centraron en velocidad, resistencia y variaba las transferencias de campo a otros exámenes estandarizados.

CAPÍTULO 16: ¿UN DOCTORADO HACE DE ALGUIEN UN DOCTOR?

En la escuela primaria, una estudiante dice: "Mi mamá y mi papá son doctores, pero no del tipo que ayudan a la gente."

Lo que ella está diciendo es que sus padres no son médicos. No tratan ni previenen las enfermedades. Tienen un doctorado, Doctor en Filosofía - un título de investigación que la mayoría de los profesores de colegios universitarios tienen.

La mayoría de los programas de investigación para el Doctorado requieren que los solicitantes tomen el Examen de Registro de Graduado, el GRE, que es un examen estandarizado que prueba la escritura analítica, las habilidades verbales y el razonamiento matemático. Muchos cientos de miles de potenciales estudiantes de postgrado en todo el mundo se sientan cada año para rendir este examen.

Los estudiantes de Doctorado llevan vidas diferentes a la de los estudiantes profesionales a pesar de que puedan encontrarse en el mismo edificio. A menudo los Doctorandos trabajan como investigadores y profesores en colegios universitarios.

Los estudiantes profesionales interactúan con el público y requieren un trabajo post-doctoral significativo para obtener un puesto en una universidad. Sin embargo, los doctorandos generalmente ganan un sueldo mientras están en el colegio universitario a través de la enseñanza y ayudantías de investigación.

Muchos programas de Doctorado incluyen:

- Un estipendio - un sueldo modesto que suele estar entre 18000 $ y 40000 $ al año.
- Exención completa dela matrícula - en escuelas privadas, esto puede significar cientos de miles de dólares
- Seguro de salud - por lo general sólo para el estudiante
- El colegio puede prestar los libros a los estudiantes o pagar tarifas

¿Entonces, por qué alguien pagaría por la escuela profesional cuando podría ganar un ingreso como Doctorando y no pagar la matrícula?

En mi caso, fue ignorancia. Como un estudiante de colegio universitario de primera generación con un promedio "B", sentí un Doctorado estaba fuera de mi alcance. En retrospectiva, me di cuenta de que una vez que había tomado cursos para principiantes de nivel 300 y 400 y cursos superiores del colegio universitario, mis calificaciones subían. Rara vez obtenía menos que una "A". Sin embargo, porque fui directamente a la escuela profesional, no aprendí esto hasta después de graduarme con mi doctorado.

Los estudiantes de Doctorado en ciencias físicas pasan gran parte de su tiempo en laboratorios haciendo investigación para su profesor principal. Esos estudiantes en artes (Inglés, Filosofía, etc.) también pueden ganar un estipendio como ayudantes de enseñanza. Donde los estudiantes se meten en problemas financieros es en el costo de la educación de pregrado. Para entrar en ese programa de Doctorado competitivo un estudiante pudo haber ido a una escuela privada de élite y haber tomado muchos préstamos. Ahora, a una edad en la que podrían querer comenzar a formar una familia, sólo tendrán un pequeño ingreso. Las tasas de graduación de Doctorado son alrededor del 50 por ciento - mucho menores que la de las escuelas profesionales.

*iled *Higher and Deeper* (que se podría traducir como *montonados más Altos y más Profundos* periódico y cómic en la ed escrito y dibujado por Jorge Cham que sigue la vida de varios studiantes de post-grado), una tira cómica, ilustra las luchas que nfrentan los estudiantes de Doctorado. Su contenido da justo en la narca.

CAPÍTULO 17: LA MEJOR TITULACIÓN

El mejor título de pregrado proporciona:

IV.   **Un promedio de puntaje alto**

V.   **Excelente preparación para los exámenes de admisión**

VI.   **Excelente preparación para el proceso de presentación**

I. UN PUNTAJE PROMEDIO ALTO

A menudo, los estudiantes suponen que las clases en todos los ámbitos tienen calificaciones similares - que los profesores de Psicología ponen tantas "As" como los profesores de biología o matemáticas. Esto no es verdad. Las encuestas muestran que los estudiantes de ciencias físicas en Química o Biología tienen promedios de calificaciones más bajos que los de las humanidades, como Inglés.

¿Por qué? Creo que es porque los licenciados en Inglés pueden revisar sus trabajos antes de entregarlos, poniéndolos a punto fuera de la clase que da como resultado calificaciones. Los licenciados en Biología y Química generalmente se basan en exámenes que no tienen ninguna posibilidad de retoque.

II. EXCELENTE PREPARACIÓN PARA EL EXAMEN DE ADMISIÓN

Los estudiantes también piensan que los Licenciados en Química lo harán mucho mejor que otros licenciados en la sección de Química o que los licenciados en Biología lo harán mucho mejor en la sección de Biología.

Sin embargo, mirando los resultados del puntaje en la Prueba de Admisión al Colegio de Medicina (MCAT, por sus siglas en inglés) que *sí* proporcionan los datos principales de los estudiantes de pregrado, queda claro que esto no es cierto. Los licenciados en Química lo hacen tan bien como los licenciados en Inglés y un poco mejor que otros licenciados en la sección de Química. Los licenciados en Biología lo hacen peor que los licenciados en Química y en Inglés la sección de Biología del MCAT. ¿Cómo puede ser esto?

El MCAT y el PCAT prueban Química y Biología que los colegios enseñan en las clases de primer y segundo año. Adquirir conocimientos en las clases avanzadas de Química y Biología no equivale necesariamente a puntajes más altos en una prueba estandarizada que prueba el material de esos dos primeros años de colegio universitario.

Un licenciado en Química y Biología tendría poca preparación adicional en lenguaje de sus clases iniciales y avanzadas. En su lugar, toman clases de ciencias que no tienen nada que ver con la parte del examen que prueba las habilidades del lenguaje.

III. EXCELENTE PREPARACIÓN PARA EL PROCESO DE PRESENTACIÓN

La presentación pre-profesional incluye un ensayo, una entrevista y posibles muestras de escritura cuando un solicitante llega al campus. Los licenciados en Biología o Química tienen poca preparación para estas actividades. El licenciado en Inglés, Historia, o Comunicaciones si la tiene.

¿Qué pasa si tu primer idioma no es el inglés? El mío no lo es. En este caso tener Inglés como una licenciatura es una razón convincente para eliminar el problema de la barrera del idioma que de otra manera evitaría que la gente creyera que un hablante no nativo de Inglés no está calificado.

Resumen: Un estudiante que se gradúa en inglés y otras disciplinas de humanidades de difícil escritura puede tener una ventaja considerable en el proceso de admisión. Los sitios web no dicen directamente que "no quieren otro solicitante que no sea graduado en Biología", pero se acercan.

CAPÍTULO 18: COMPROMISO CON LA PROFESIÓN

No es suficiente saber Biología y Química y desempeñarse bien en el examen de ingreso. Es importante estar al tanto de las condiciones actuales de enfermería, farmacia o práctica médica. ¿Dónde encajarás? ¿Dónde crees que encajarás?

Las buenas entrevistas son buenas conversaciones. Necesitas explicar por qué elegiste tu profesión en medicina, odontología, enfermería u otras opciones de carrera. Esto es especialmente importante para los solicitantes de asistente médico. "No quería hacer tanto trabajo escolar como un médico" es una mala respuesta. Sin embargo, los solicitantes a asistente médico que dicen que quieren colaborar o tener flexibilidad para trabajar en múltiples especialidades habla al corazón de la profesión. Deja en claro que has investigado la profesión mirando al cómo y al por qué comenzó la profesión.

El error más grande que un candidato puede hacer es tratar de convencer al entrevistador de lo bueno que es un solicitante. En cambio, un candidato debe hacer tantas preguntas como le hacen a él. Las preguntas inteligentes pueden incluir aclarar información sobre la página web del colegio universitario y preguntar sobre oportunidades únicas. Averigua lo que hizo al entrevistador interesarse en la profesión. Pregunta contra que tuvo que luchar él o ella.

La mayoría de los entrevistadores son voluntarios. Quieren su alma mater para obtener los mejores estudiantes. La experiencia anterior en la profesión te da un comienzo. Usando la jerga profesional deja en claro que tú y el entrevistador comparten intereses comunes. Hacia el final de la entrevista, debes saber bastante sobre el entrevistador como para que puedas presentarla/o en detalle a alguien más.

CAPÍTULO 19: AHORRAR DINERO

1. IR A LA ESCUELA DEL ESTADO

Tres estrategias me ayudaron a ahorrar dinero. En primer lugar, esperé hasta que la escuela de mi estado me dejó entrar. En segundo lugar, no gané mi título de licenciatura hasta después de que me gradué en la escuela profesional. Tercero, viví con familiares y amigos en muchas de mis pasantías.

2. UNA ESCUELA PRIVADA EN UN ESTADO DE BAJO COSTO DE VIDA

Mi esposa fue a un colegio universitario privado cerca de su casa para ahorrar dinero. También ahorró en la matrícula al ir a una escuela de seis años de farmacia. Más importante aún, vivía en un estado de bajo costo de vida. En las escuelas privadas, la matrícula a menudo es la misma en el estado que fuera del estado. En este entorno económico, puede tener más sentido encontrar un colegio universitario en el Medio Oeste u otra área de menor costo de vida. Aunque Boston, Nueva York, Los Ángeles y otros centros urbanos son emocionantes, el costo de vida no lo es.

3. COMENZAR EN EL CLOLEGIO UNIVERSITARIO DE LA COMUNIDAD

El colegio universitario de la comunidad te ayuda a mantener costos bajos antes. Un excelente desempeño en los dos primeros años puede conducir a becas en los dos últimos. Los colegios comunitarios han cambiado drásticamente en la última década. Hay más opciones en viviendas residenciales que no están en el campus y servicios mejorados como centros de entrenamiento físico.

4. PRESENTARSE A MUCHAS ESCUELAS PROFESIONALES

Las aceptaciones múltiples pueden dar lugar a múltiples ofertas de paquetes financieros. Los colegios públicos no siempre son más baratos que los privados.

EPÍLOGO

Esta primavera, mi papá llamó y dijo: "Tony, ¿puedo ir para el verano?" Le dije, "Claro". Llamé a mamá para asegurarme de que esto estaba bien, pero después de hablar con ella, lo entendí. Ella trabajó a tiempo completo con un conmutador a Washington DC. Mi padre quería tiempo para pasar un rato con sus nietas durante el verano.

Como profesional de la salud, puedo hacer que papá se quede con nosotros, no hay problema incluso con tres hijas en edad de jardín de infantes. También puedo entender y ayudarle con problemas de salud como lo he hecho durante años. Desde que soy parte de la generación sándwich, las familias ayudando a sus padres y sus propios hijos, es mucho más fácil hacer esto como un profesional de la salud.

Me hace pensar en el concepto chino de piedad filial, 孝, *xiào*, donde hay un gran respeto por los padres no sólo en palabras, sino en acciones. Esto es verdad en la cultura peruana de mi papá así como mi mamá que nos hace visitar a sus padres veteranos de la marina de Estados Unidos la mayoría de los fines de semana.

Otro resultado de tener una carrera de salud es que puedo describir claramente lo que tendrían que hacer mis hijas si quisieran seguir esta carrera. Podría ayudarlas a evitar las mayores trampas y proporcionarles la mejor educación para ellas. Quiero que tú también tengas este éxito.

Respetuosamente, creo que Steve Jobs estaba equivocado cuando dijo: "Sólo puedes conectar los puntos mirando hacia

eo que puedes conectar los puntos mirando hacia
si tienes el coraje de pedir a mucha gente que te ayude
ar allí.

AGRADECIMIENTOS

A mi esposa Mindy y a mis hijas Brielle, Rianne y Teagan.

A mi papá, que siempre me dijo que tomara las clases más difíciles. Ojalá me hubiera mencionado que no necesitaba tomarlas todas en el mismo semestre.

A mi mamá. Ella me ayudó a apreciar el buen uso del idioma. Nada me ha ayudado más en mis diversas carreras que mi dominio del inglés escrito y hablado.